全国一级建造师执业资格考试历年真题+冲刺试卷

市政公用工程管理与实务

历年真题+冲刺试卷

全国一级建造师执业资格考试历年真题+冲刺试卷编写委员会　编写

中国建筑工业出版社

图书在版编目（CIP）数据

市政公用工程管理与实务历年真题+冲刺试卷 / 全国一级建造师执业资格考试历年真题+冲刺试卷编写委员会编写. -- 北京 ：中国建筑工业出版社， 2024. 12.
（全国一级建造师执业资格考试历年真题+冲刺试卷）.
ISBN 978-7-112-30762-3

Ⅰ. TU99-44

中国国家版本馆 CIP 数据核字第 2024U3R304 号

责任编辑：李 璇
责任校对：赵 力

全国一级建造师执业资格考试历年真题+冲刺试卷
市政公用工程管理与实务
历年真题+冲刺试卷
全国一级建造师执业资格考试历年真题+冲刺试卷编写委员会 编写

*

中国建筑工业出版社出版、发行(北京海淀三里河路 9 号)
各地新华书店、建筑书店经销
北京鸿文瀚海文化传媒有限公司制版
北京君升印刷有限公司印刷

*

开本：787 毫米×1092 毫米 1/16 印张：12 字数：275 千字
2024 年 12 月第一版 2024 年 12 月第一次印刷
定价：**40.00** 元（含增值服务）
ISBN 978-7-112-30762-3
（44018）

如有内容及印装质量问题，请与本社读者服务中心联系
电话：（010） 58337283 QQ：2885381756
（地址：北京海淀三里河路 9 号中国建筑工业出版社 604 室 邮政编码：100037）

全国一级建造师执业资格考试答题方法及评分说明

全国一级建造师执业资格考试设《建设工程经济》《建设工程项目管理》《建设工程法规及相关知识》三个公共必考科目和《专业工程管理与实务》十个专业选考科目（专业科目包括建筑工程、公路工程、铁路工程、民航机场工程、港口与航道工程、水利水电工程、矿业工程、机电工程、市政公用工程和通信与广电工程）。

《建设工程经济》《建设工程项目管理》《建设工程法规及相关知识》三个科目的考试试题为客观题。《专业工程管理与实务》科目的考试试题包括客观题和主观题。

一、客观题答题方法及评分说明

1. 客观题答题方法

客观题题型包括单项选择题和多项选择题。对于单项选择题来说，备选项有4个，选对得分，选错不得分也不扣分，建议考生宁可错选，不可不选。对于多项选择题来说，备选项有5个，在没有把握的情况下，建议考生宁可少选，不可多选。

在答题时，可采取下列方法：

（1）直接法。这是解答常规客观题所采用的方法，就是考生选择认为一定正确的选项。

（2）排除法。如果正确选项不能直接选出，应首先排除明显不全面、不完整或不正确的选项，正确的选项几乎直接来自于考试教材或者法律法规，其余的干扰选项要靠命题者自己去设计，考生要尽可能多排除一些干扰选项，这样就可以提高找出正确答案的概率。

（3）比较法。直接把各备选项加以比较，并分析它们之间的不同点，集中考虑正确答案和错误答案关键所在。仔细考虑各个备选项之间的关系。不要盲目选择那些看起来、读起来很有吸引力的错误选项，要去误求正、去伪存真。

（4）推测法。利用上下文推测词义。有些试题要从题干语句结构及语法知识推测入手，配合考生自己平时积累的常识来判断其义，推测出逻辑条件和结论，以期将正确的选项准确选出。

2. 客观题评分说明

客观题部分采用机读评卷，必须使用2B铅笔在答题卡上作答，考生在答题时要严格按照要求，在有效区域内作答，超出区域作答无效。每个单项选择题只有1个备选项最符合题意，就是4选1。每个多项选择题有2个或2个以上备选项符合题意，至少有1个错项，就是5选2~4，并且错选本题不得分，少选，所选的每个选项得0.5分。考生在涂卡时应注意答题卡上的选项是横排还是竖排，不要涂错位置。涂卡应清晰、厚实、完整，保持答题卡干净整洁，涂卡时应完整覆盖且不超出涂卡区域。修改答案时要先用橡皮擦将原涂卡处擦干净，再涂新答案，避免在机读评卷时产生干扰。

二、主观题答题方法及评分说明

1. 主观题答题方法

主观题题型是实务操作和案例分析题。实务操作和案例分析题是通过背景资料阐述一个项目在实施过程中所开展的相应工作，根据这些具体的工作提出若干小问题。

实务操作和案例分析题的提问方式及作答方法如下：

（1）补充内容型。一般应按照教材将背景资料中未给出的内容都回答出来。

（2）判断改错型。首先应在背景资料中找出问题并判断是否正确，然后结合教材、相关规范进行改正。需要注意的是，考生在答题时，有时不能按照工作中的实际做法回答，因为实际做法和标准答案之间往往存在很大差距，即使答了很多，得分却很低。

（3）判断分析型。这类题型不仅要求考生答出分析的结果，还需要通过分析背景资料来找出问题的突破口。需要注意的是，考生在答题时要针对问题作答。

（4）图表表达型。结合工程图及相关资料表回答图中构造名称、资料表中缺项内容。需要注意的是，关键词表述要准确，避免画蛇添足。

（5）分析计算型。充分利用相关公式、图表和考点的内容，计算题目要求的数据或结果。最好能写出关键的计算步骤，并注意计算结果是否有保留小数点的要求。

（6）简单论答型。这类型题主要考查考生记忆能力，一般情节简单、内容覆盖面较小。考生在回答这类型题时要直截了当，有什么答什么，不必展开论述。

（7）综合分析型。这类型题比较复杂，内容往往涉及不同的知识点，要求回答的问题较多，难度很大，也是考生容易失分的地方。要求考生具有一定的理论水平和实际经验，对教材知识点要熟练掌握。

2. 主观题评分说明

主观题部分评分是采取网上评分的方法来进行，为了防止阅卷人评分宽严度差异对考生产生影响，每个阅卷人员只评一道题的分数。每份试卷的每道题均由两位评卷人员分别独立评分，如果两人的评分结果相同或很相近（这种情况比例很大）就按两人的平均分为准。如果两人的评分差异较大（超过4~5分，出现这种情况的概率很小），就由评分专家再独立评分一次，然后用专家所评的分数和与专家评分接近的那个分数的平均分数为准。

主观题部分评分标准一般以准确性、完整性、分析步骤、计算过程、关键问题的判别方法、概念原理的运用等为判别核心。标准一般按要点给分，只要答出要点、基本含义一般就会给分，不恰当的错误语句和文字一般不扣分，要点分值最小一般为0.5分。

主观题部分作答时必须使用黑色墨水笔书写，不得使用其他颜色的钢笔、铅笔、签字笔和圆珠笔。作答时字迹要工整、版面要清晰。而且书写不能离密封线太近，以防密封后评卷人不容易看到；书写的字不能太粗、太密、太乱，最好买支极细笔，字体稍微写大点、工整点，这样看起来工整、清晰，评卷人也愿意多给分。

主观题部分作答应避免答非所问，因此考生在考试时要答对得分点，答出一个得分点就给分，说得不完全一致，也会给分，多答不会给分的，只会按点给分。不明确用到什么规范的情况就用“强制性条文”或者“有关法规”代替，在回答问题时，只要有可能，就在答题的内容前加上这样一句话：“根据有关法规或根据强制性条文”，通常这也是得分点。

主观题部分作答应言简意赅，并多使用背景资料中给出的专业术语。考生在考试时应相信第一感觉，很多考生在涂改答案过程中往往把原来对的改成错的，这种情形很多。在确定完全答对时，就不要展开论述，也不要写多余的话，能用尽量少的文字表达出正确的意思就好，这样评卷人看得舒服，考生也能省时间。如果答题时发现错误，不得使用涂改液等修改，应用笔画个框圈起来，打个“×”即可，然后再找一块干净的地方重新书写。

2020—2024 年《市政公用工程管理与实务》真题分值统计

命题点			题型	2020 年（分）	2021 年（分）	2022 年（分）	2023 年（分）	2024 年（分）
第 1 篇 市政公用工程技术	第 1 章 城镇道路工程	1.1 道路结构特征	单项选择题	1	1	1	2	
			多项选择题	4	2	2	4	
			实务操作和案例分析题		17	4	4	
		1.2 城镇道路路基施工	单项选择题	2	1	1		
			多项选择题		2			2
			实务操作和案例分析题	8	12	3		2
		1.3 城镇道路路面施工	单项选择题	1		2	3	2
			多项选择题					2
			实务操作和案例分析题	4	4	15	10	3
		1.4 挡土墙施工	单项选择题		1			
			多项选择题			2		2
			实务操作和案例分析题					
		1.5 城镇道路工程安全质量控制	单项选择题		1			
			多项选择题					
			实务操作和案例分析题	4		6	6	6
	第 2 章 城市桥梁工程	2.1 城市桥梁结构形式及通用施工技术	单项选择题	2	1	1	3	1
			多项选择题	2	2	2	2	2
			实务操作和案例分析题		36	2	12	13
		2.2 城市桥梁下部结构施工	单项选择题			1		1
			多项选择题			2		
			实务操作和案例分析题	15	7			
		2.3 桥梁支座施工	单项选择题					
			多项选择题					
			实务操作和案例分析题					

续表

命题点			题型	2020年（分）	2021年（分）	2022年（分）	2023年（分）	2024年（分）
第1篇 市政公用工程技术	第2章 城市桥梁工程	2.4 城市桥梁上部结构施工	单项选择题	2		1	1	2
			多项选择题		2			4
			实务操作和案例分析题			11	20	33
		2.5 桥梁桥面系及附属结构施工	单项选择题					
			多项选择题					
			实务操作和案例分析题					
		2.6 管涵和箱涵施工	单项选择题					
			多项选择题					
			实务操作和案例分析题		16			
		2.7 城市桥梁工程安全质量控制	单项选择题		2	1		1
			多项选择题			2		
			实务操作和案例分析题		3			
	第3章 城市隧道工程与城市轨道交通工程	3.1 施工方法与结构形式	单项选择题			1	1	1
			多项选择题	2			2	2
			实务操作和案例分析题			5	6	
		3.2 地下水控制	单项选择题					1
			多项选择题					
			实务操作和案例分析题					
		3.3 明(盖)挖法施工	单项选择题	1	1	1		
			多项选择题		2			
			实务操作和案例分析题	8	4	9	18	11
		3.4 浅埋暗挖法施工	单项选择题					
			多项选择题				2	
			实务操作和案例分析题					
		3.5 钻爆法隧道施工	单项选择题					
			多项选择题					
			实务操作和案例分析题					

续表

命题点			题型	2020年（分）	2021年（分）	2022年（分）	2023年（分）	2024年（分）
第1篇 市政公用工程技术	第3章 城市隧道工程与城市轨道交通工程	3.6　盾构法隧道施工	单项选择题	1	2		1	
			多项选择题			4		
			实务操作和案例分析题			5		
		3.7　TBM法隧道施工	单项选择题					
			多项选择题					
			实务操作和案例分析题					
		3.8　城市隧道工程与城市轨道交通工程安全质量控制	单项选择题					
			多项选择题					
			实务操作和案例分析题					6
	第4章 城市给水排水处理厂站工程	4.1　给水与污水处理工艺	单项选择题	1	1	1	1	
			多项选择题		2	2		
			实务操作和案例分析题			4		
		4.2　厂站工程施工	单项选择题	1	1	1		1
			多项选择题	2	2		2	2
			实务操作和案例分析题	23	2	21		
		4.3　城市给水排水处理厂站工程安全质量控制	单项选择题					
			多项选择题					
			实务操作和案例分析题					
	第5章 城市管道工程	5.1　城市给水排水管道工程	单项选择题	1	1	1	1	
			多项选择题		2		2	
			实务操作和案例分析题			6		
		5.2　城市燃气管道工程	单项选择题		1		1	2
			多项选择题	2		2	2	
			实务操作和案例分析题			2	8	
		5.3　城市供热管道工程	单项选择题	1	1	1	1	
			多项选择题			2		
			实务操作和案例分析题					

续表

命题点			题型	2020年（分）	2021年（分）	2022年（分）	2023年（分）	2024年（分）
第1篇 市政公用工程技术	第5章 城市管道工程	5.4 城市管道工程安全质量控制	单项选择题	1	1		2	
			多项选择题				2	
			实务操作和案例分析题	4	4	3		
	第6章 城市综合管廊工程	6.1 城市综合管廊分类与施工方法	单项选择题			1		
			多项选择题					2
			实务操作和案例分析题			2		
		6.2 城市综合管廊施工技术	单项选择题					
			多项选择题	2				
			实务操作和案例分析题				12	
	第7章 垃圾处理工程	7.1 生活垃圾填埋施工	单项选择题	1	1	1	1	1
			多项选择题					
			实务操作和案例分析题					17
		7.2 生活垃圾焚烧厂施工	单项选择题					
			多项选择题					
			实务操作和案例分析题					
		7.3 建筑垃圾资源化利用	单项选择题					
			多项选择题					
			实务操作和案例分析题					
	第8章 海绵城市建设工程	8.1 海绵城市建设技术设施类型与选择	单项选择题					
			多项选择题					
			实务操作和案例分析题					
		8.2 海绵城市建设施工技术	单项选择题					1
			多项选择题					
			实务操作和案例分析题					9
	第9章 城市基础设施更新工程	9.1 道路改造施工	单项选择题					
			多项选择题					2
			实务操作和案例分析题					

续表

命题点			题型	2020年（分）	2021年（分）	2022年（分）	2023年（分）	2024年（分）
第1篇 市政公用工程技术	第9章 城市基础设施更新工程	9.2 桥梁改造施工	单项选择题					
			多项选择题					
			实务操作和案例分析题					
		9.3 管网改造施工	单项选择题					
			多项选择题					
			实务操作和案例分析题					
	第10章 施工测量	10.1 施工测量主要内容与常用仪器	单项选择题	1	1	1		1
			多项选择题		2			
			实务操作和案例分析题					2
		10.2 施工测量及竣工测量	单项选择题					
			多项选择题					
			实务操作和案例分析题					
	第11章 施工监测	11.1 施工监测主要内容、常用仪器与方法	单项选择题					
			多项选择题					
			实务操作和案例分析题					
		11.2 监测技术与监测报告	单项选择题					1
			多项选择题					
			实务操作和案例分析题				6	
第2篇 市政公用工程相关法规与标准	第12章 相关法规	12.1 工程总承包相关规定	单项选择题					
			多项选择题					
			实务操作和案例分析题					
		12.2 城市道路管理的有关规定	单项选择题					
			多项选择题					
			实务操作和案例分析题					4
		12.3 城镇排水和污水处理管理的有关规定	单项选择题	1				
			多项选择题		2			
			实务操作和案例分析题					

续表

命题点			题型	2020年（分）	2021年（分）	2022年（分）	2023年（分）	2024年（分）
第2篇 市政公用工程相关法规与标准	第12章 相关法规	12.4 城镇燃气管理的有关规定	单项选择题					
			多项选择题					
			实务操作和案例分析题					
	第13章 相关标准	13.1 相关强制性标准的规定	单项选择题					
			多项选择题					
			实务操作和案例分析题					
		13.2 技术安全标准	单项选择题					
			多项选择题					
			实务操作和案例分析题					
第3篇 市政公用工程项目管理实务	第14章 市政公用工程企业资质与施工组织	14.1 市政公用工程企业资质	单项选择题					
			多项选择题					
			实务操作和案例分析题					
		14.2 施工项目管理机构	单项选择题					1
			多项选择题					
			实务操作和案例分析题					
		14.3 施工组织设计	单项选择题					1
			多项选择题					
			实务操作和案例分析题	22	4	6	6	
	第15章 施工招标投标与合同管理	15.1 施工招标投标	单项选择题	1				1
			多项选择题					
			实务操作和案例分析题					
		15.2 施工合同管理	单项选择题	1	1	1		1
			多项选择题					
			实务操作和案例分析题	6				
		15.3 建设工程承包风险管理及担保保险	单项选择题					
			多项选择题					
			实务操作和案例分析题					

续表

命题点			题型	2020年（分）	2021年（分）	2022年（分）	2023年（分）	2024年（分）
第3篇 市政公用工程项目管理实务	第16章 施工进度管理	16.1 工程进度影响因素与计划管理	单项选择题					
			多项选择题					
			实务操作和案例分析题					
		16.2 施工进度计划编制与调整	单项选择题					
			多项选择题					
			实务操作和案例分析题				12	
	第17章 施工质量管理	17.1 质量策划	单项选择题					
			多项选择题					
			实务操作和案例分析题					
		17.2 施工质量控制	单项选择题					
			多项选择题					
			实务操作和案例分析题					1
		17.3 竣工验收管理	单项选择题			1		
			多项选择题	2				
			实务操作和案例分析题					
	第18章 施工成本管理	18.1 工程造价管理	单项选择题		1			
			多项选择题	2				
			实务操作和案例分析题					
		18.2 施工成本管理	单项选择题				1	
			多项选择题	2				
			实务操作和案例分析题					
		18.3 工程结算管理	单项选择题					
			多项选择题					
			实务操作和案例分析题					
	第19章 施工安全管理	19.1 常见施工安全事故及预防	单项选择题			1		
			多项选择题					
			实务操作和案例分析题	8	3	6		

续表

命题点			题型	2020年（分）	2021年（分）	2022年（分）	2023年（分）	2024年（分）
第3篇 市政公用工程项目管理实务	第19章 施工安全管理	19.2 施工安全管理要点	单项选择题				1	
			多项选择题				2	
			实务操作和案例分析题	8		5		13
	第20章 绿色施工及现场环境管理	20.1 绿色施工管理	单项选择题					
			多项选择题					
			实务操作和案例分析题	10	8	5		
		20.2 施工现场环境管理	单项选择题					
			多项选择题					
			实务操作和案例分析题					
合计			单项选择题	20	20	20	20	20
			多项选择题	20	20	20	20	20
			实务操作和案例分析题	120	120	120	120	120

2024 年度全国一级建造师执业资格考试

《市政公用工程管理与实务》

真题及解析

微信扫一扫
查看本年真题解析课

2024 年度《市政公用工程管理与实务》真题

一、单项选择题（共 20 题，每题 1 分。每题的备选项中，只有 1 个最符合题意）

1. 二灰稳定粒料基层中的粉煤灰，若（　　）含量偏高，易使路面起拱损毁。

A. CaO　　　　B. MgO

C. SO_3　　　　D. SiO_2

2. 关于温拌沥青混合料面层施工的说法，错误的是（　　）。

A. 表面活性剂类干法添加型温拌添加剂的掺量一般为最佳沥青用量的 0.5%~0.8%

B. 温拌沥青混合料出料温度较热拌沥青混合料降低 20℃以上

C. 运料车装料时，一车料最少应分两层装载，每层应按 3 次以上装料

D. 振动压路机在混合料温度低于 90℃后不应振动碾压

3. 关于桥梁工程常用术语中“建筑高度”的说法，正确的是（　　）。

A. 桥面与低水位之间的高差

B. 桥下线路路面至桥跨结构最下缘之间的距离

C. 桥面顶标高对于通航净空顶部标高之差

D. 桥上行车路面标高至桥跨结构最下缘之间的距离

4. 悬臂盖梁浇筑施工时，浇筑顺序正确的是（　　）。

A. 从墩柱顶部开始浇筑　　　　B. 从悬臂端开始浇筑

C. 从中间向两端进行浇筑　　　　D. 从下向上分层级慢浇筑

5. 钢梁安装时，不宜用做临时支撑的是（　　）。

A. 槽钢　　　　B. 钢管

C. 盘扣式支架　　　　D. 门式钢管支架

6. 斜拉桥的结构组成不包括（　　）。

A. 索塔　　　　B. 锚碇

C. 主梁　　　　D. 钢索

7. 关于冬期混凝土工程施工技术要求的说法，正确的是（　　）。

A. 应使用矿渣硅酸盐水泥配制混凝土

B. 选用较小的水灰比

C. 选用较大的坍落度

D. 骨料加热至80℃

8. 下列暗挖隧道施工方法中，目前能适用于各种水文地质条件的是（　　）。

A. PBA 法　　　　B. 钻爆法

C. TBM 法　　　　D. 盾构法

9. 在渗透系数为0.05m/d的粉质黏土层降水时，宜采用（　　）降水方法。

A. 真空井点　　　　B. 管井

C. 喷射井点　　　　D. 辐射井

10. 水池满水试验，注水时水位上升速度应不大于（　　）m/d，间隔时间不小于（　　）h。

A. 2，24　　　　B. 3，12

C. 2，12　　　　D. 3，24

11. 水平定向钻扩孔钻头连接顺序正确的是（　　）。

A. 钻杆、扩孔钻头、转换卸扣、分动器、钻杆

B. 钻杆、扩孔钻头、分动器、转换卸扣、钻杆

C. 钻杆、分动器、转换卸扣、扩孔钻头、钻杆

D. 钻杆、转换卸扣、扩孔钻头、分动器、钻杆

12. 关于聚乙烯燃气管道埋地敷设的说法，正确的是（　　）。

A. 下管时应采取钢丝绳捆扎、吊运

B. 管道可随地形在一定起伏范围内自然弯曲敷设

C. 采用水平定向砖敷设时，拖拉长度最大可达到500m

D. 可以使用机械方法弯曲管道

13. 关于膨润土防水毯施工技术的说法，正确的是（　　）。

A. 正式施工铺设前，应逐包拆开包装进行质量检验

B. 下雨时，应加快铺设

C. 现场铺设应采用十字搭接

D. 坡面铺设完成后，在地面留下3m余量

14. 关于生物滞留设施施工技术的说法，正确的是（　　）。

A. 地面溢流设施顶部一般应低于汇水面50mm

B. 生物滞留设施面积与汇水面面积之比一般为5%~10%

C. 生物游留设施内集蓄的雨水应在48h内完全下渗

D. 排水层用砾石应洗净且粒径不大于穿孔管的开孔孔径

15. 下列测量仪器中，可用于三维坐标测量的是（　　）。

A. 水准仪　　　　B. 陀螺经纬仪

C. 激光准直仪　　　　D. 全站仪

16. 下列监测项目中，属于高填方路基监测的主要项目是（　　）。

A. 地表裂缝　　　　B. 地下水位

C. 平面位置　　　　D. 路基沉降

17. 在工程总承包项目部中，负责对项目分包人的协调、监督和管理的岗位人员是

(　　)。

A. 施工经理　　　　　　　　　　　　　B. 项目经理

C. 控制经理　　　　　　　　　　　　　D. 商务经理

18. 下列危险性较大的分部分项工程中，需要组织专家论证的项目是(　　)。

A. 跨度30m的钢结构安装工程

B. 施工高度40m的建筑幕墙安装工程

C. 搭设高度50m的落地式钢管脚手架工程

D. 提升高度60m的附着式升降脚手架工程

19. 市政工程采用综合评标的方法招标投标时，一般报价和商务部分的分值权重不得低于(　　)。

A. 40%　　　　　　　　　　　　　　B. 50%

C. 60%　　　　　　　　　　　　　　D. 70%

20. 关于材料采购合同交货期限的说法，正确的是(　　)。

A. 供货方负责送货的，以供货方发货日期为准

B. 采购方自行提货的，以采购方收到货为准

C. 委托运输部门送货的，以供货方发货时承运单位签发的日期为准

D. 委托其他公司送货的，以供货方向承运单位提出申请的日期为准

二、多项选择题(共10题，每题2分。每题的备选项中，有2个或2个以上符合题意，至少有1个错项。错选，本题不得分；少选，所选的每个选项得0.5分)

21. 下列路基处理方法中，属于土的补强作用机理的有(　　)。

A. 振动压实　　　　　　　　　　　　B. 砂石垫层

C. 板桩　　　　　　　　　　　　　　D. 加筋土

E. 砂井预压

22. 关于路堤加筋施工技术的说法，正确的有(　　)。

A. 土工格栅宜选择强度高、变形小、粗糙度小的产品

B. 土工合成材料摊铺后宜在72h内填筑填料，以避免暴晒

C. 填料不应直接卸在土工合成材料上面，必须卸在已摊铺完毕的土面上

D. 卸土高度不宜大于1m，以防局部承载力不足

E. 边坡防护与路堤填筑应同时进行

23. 下列挡土墙结构中，可以预制拼装的有(　　)。

A. 衡重式　　　　　　　　　　　　　B. 带卸荷板的柱板式

C. 锚杆式　　　　　　　　　　　　　D. 自立式

E. 加筋土

24. 在桥梁工程模板，支架设计中，验算刚度需采用的荷载组合有(　　)。

A. 模板、拱架和支架自重

B. 新浇筑混凝土、钢筋混凝土或圬工、砌体的自重力

C. 振捣混凝土时的荷载

D. 倾倒混凝土时产生的水平向冲击荷载

E. 风雪荷载、冬期施工保温设施荷载

25. 预应力混凝土梁的台座施工时，应考虑的因素有（　　）。

A. 地基承载力　　B. 台座间距

C. 预应力筋张拉力　　D. 预应力混凝土梁的预拱度值

E. 混凝土梁的浇筑顺序

26. 钢筋混凝土拱桥拱圈无支架施工的方法包括（　　）。

A. 拱架法　　B. 缆索吊装法

C. 转体安装法　　D. 悬臂法

E. 土牛拱胎架法

27. 地铁车站通常由（　　）组成。

A. 站台　　B. 站厅

C. 设备用房　　D. 通风道

E. 生活用房

28. 污水处理构筑物的结构特点有（　　）。

A. 断面较厚　　B. 配筋率较高

C. 抗渗性高　　D. 抗冻要求高

E. 整体性好

29. 综合管廊覆土深度应根据（　　）等因素综合确定。

A. 地下设施竖向综合规划　　B. 道路设施布置

C. 行车荷载　　D. 绿化种植

E. 冰冻深度

30. 微表处理技术应用于城镇道路维护，具有（　　）等功能。

A. 封水　　B. 防滑

C. 耐磨　　D. 防车辙

E. 改善路表外观

三、实务操作和案例分析题（共5题，（一）、（二）、（三）题各20分，（四）、（五）题各30分）

（一）

背景资料：

某城镇主干道向郊外延伸新建。道路红线内地质勘察报告揭示地层分布：第①层0~0.8m为杂填土，第②层0.8~2m为砂质黏土。路基施工范围内地下水丰富，开挖路段地下水接近路床底标高，该项目设计定位为绿色建造示范工程，拟采用海绵城市专项设计，并在项目中引进绿色建造新技术如：装配式检查井、生态植草沟、沥青智能摊铺及智能压实等。

本项目新建道路横断面如图1所示，生态植草沟及人行道透水铺装详细做法如图2所示。

路基施工时恰逢雨期，项目部为赶工期扩大施工断面将三个桩号路段连续开挖，开挖至路床顶面标高时遇到雷雨停止了施工，虽及时设置排水边沟，大雨过后经过晾晒的路床在碾压时，表面仍出现大面积“弹簧土”，经工序验收，监理对路基压实度不满足设计要求

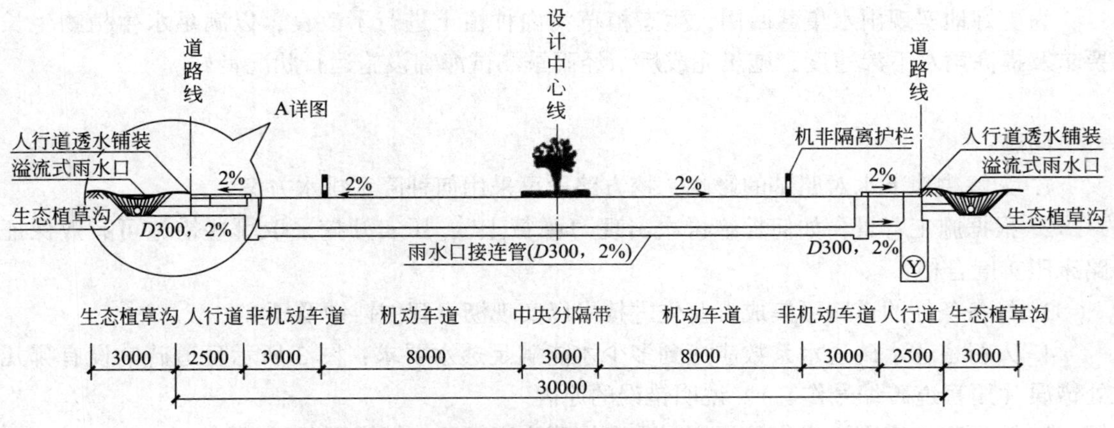

图1 新建道路横断面示意图（单位：mm）

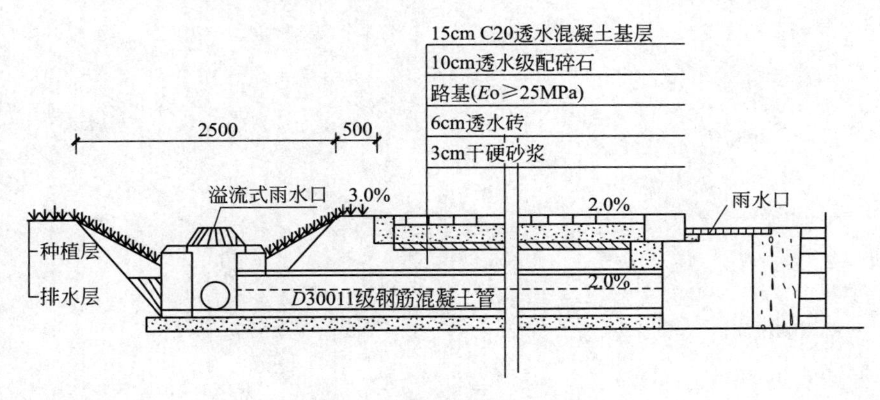

图2 A详图（单位：mm）

提出了整改意见。

由于沥青智能摊铺及智能压实施工为四新技术，项目部在施工前选取试验段展开试验，确定了各项施工参数。

人行道砖采用环保材料再生透水砖，材料进场检验发现其透水系数为 4.0×10^{-2}cm/s，不满足设计要求，供应商给予换货。人行道铺装完成后，项目部自检发现人行道道口盲道砖铺设不满足无障碍设计要求，现场铺装如图3所示。

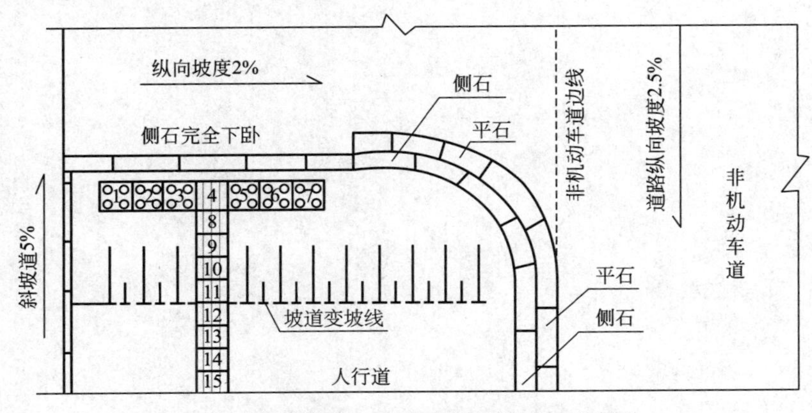

图3 人行道道口盲道砖铺局部平面示意图

为更好地实现雨水集蓄回用，生态植草沟内种植土进行了改良，以满足水生植物生长要求及提高雨水下渗速度，施工完成后，经雨季测试海绵设施运行状况良好。

问题：

1. 为解决地下水对路基的影响，挖方路段可采用何种降水排水方案？

2. 根据施工背景，如何杜绝再次出现“弹簧土”，压实开挖采取哪些措施可有效保证路床压实度合格？

3. 具备条件的道路可集成哪些先进技术以实现沥青智能摊铺及压实？

4. 人行道透水砖透水系数应达到多少才能满足透水要求；图 3 所示盲道砖铺设有哪几处错误（用盲道砖编号作答）？说明错误的原因。

5. 为更好地实现雨水集蓄回用，生态植草沟底部还应铺设哪些材料？

（二）

背景资料：

某公司承建一项城市更新项目。为解决行人出行对既有道路交通平面交叉干扰，需修建人行天桥一座。天桥平面位置见图4所示。项目位置交通流量大，邻近居民区，周边环境复杂，施工场地狭窄。

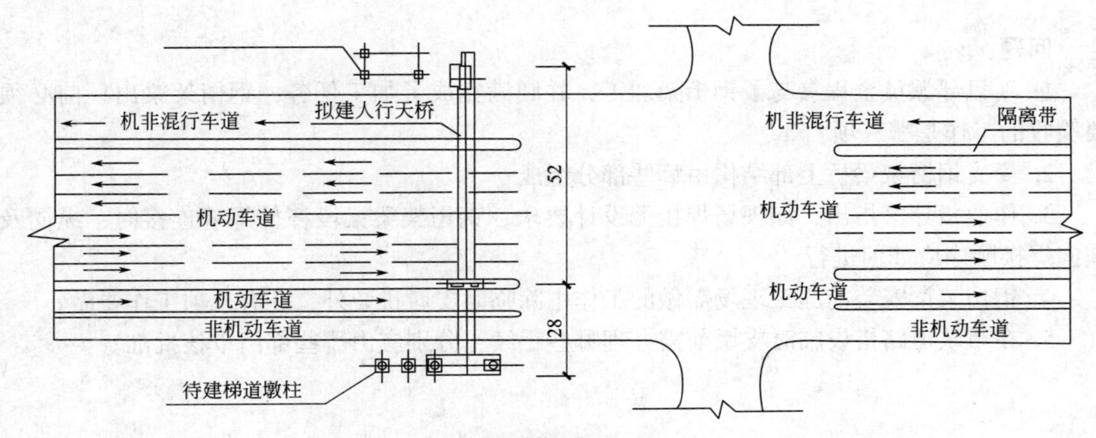

图4　天桥平面位置示意图（单位：m）

该天桥全长80.0m、宽3.9m。主桥部分分为两跨，结构形式为下承式钢桁架桥。两跨分别为52.0m+28.0m，正立面见图5所示。主桥钢桁架梁落在盖梁上。主梁设计梁高为4.0m，梁宽3.9m，钢桁架梁安装联接采用焊接工艺。

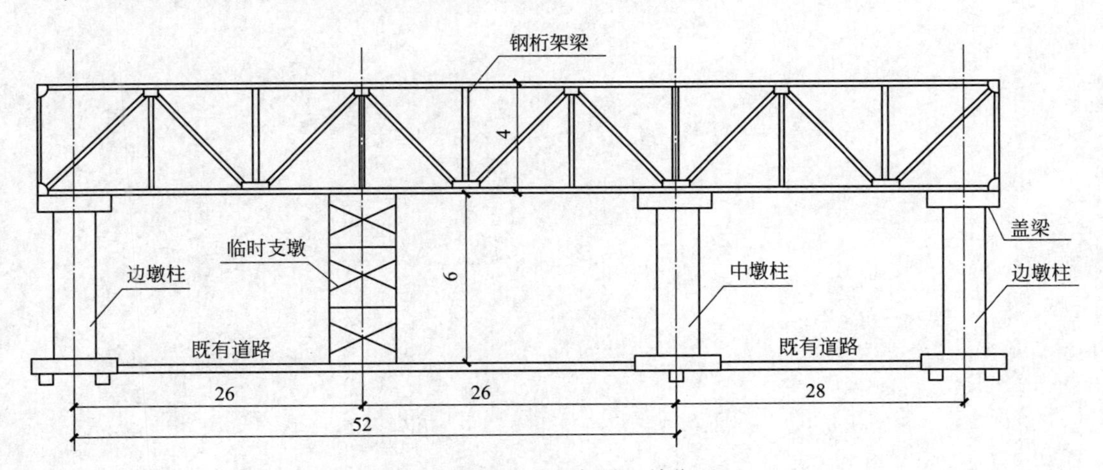

图5　天桥侧立面示意图（单位：m）

项目部进场后认真学习图纸，根据现场实际情况，做了以下工作：

1. 施工方案提出交通流量大，居民区施工条件复杂，将钢桁架梁委托给能满足制造条件的钢结构厂加工。这样既可保证钢桁架梁桥的质量，工期也有保障。

2. 由于该项目部首次承接钢桁架梁桥项目，全体工程技术人员认真研究了桥梁上部结构及组成部分，为打造桥梁精品工程提供了保证。

3. 钢桁架梁安装是技术要求较高的工作，工程技术人员严格按相关规范编写了作业指导书。

4. 现场吊装是这个项目的关键环节，特别是在交通流量大、施工场地狭窄、靠近居民区的区域，施工措施需完善。

5. 搭设临时支墩需占用主路一股机动车道，届时施工计划安排将部分车道申请临时封闭。

问题：

1. 项目部派员全程参与了钢桁架加工，并圆满完成了加工任务，钢桁架梁出厂前必须要验收的工作是哪三项？

2. 简支钢桁架梁桥上部结构由哪些部分组成？

3. 作业指导书指出，如现场焊接无设计要求，钢桁架梁梁段杆件焊缝连接时、纵向及横向焊接顺序应如何进行？

4. 钢桁架梁安装前施工现场需做的工作中除临时支墩拼装外，还有几项工作要做？

5. 在市政道路搭设临时支墩前需办理哪些手续，分别应由哪些部门审核批准？

（三）

背景资料：

某企业承接生活垃圾填埋场建造项目，交于项目部施工，建设地点位于城市西北方向约20km处，地理环境良好，在公路一侧。现状场地为干涸多年河道，总体平坦长约500m，开口宽180~200m，土地利用类型为荒地，设计日处理垃圾100t，有效库容60万m^3，使用年限为10年。项目部接到施工任务后，组织施工人员认真阅读施工图纸和有关技术资料，测量组进入现场放线、接收、建立并复测两类控制点，以便做好图纸会审和设计交底的准备工作。

生活垃圾填埋场库区主要施工内容是土方工程，库区底部地基处理前必须将干涸河底的腐殖土挖除（另行堆放后用），原土碾压密实后再回填600mm厚黄土作库区底部基础处理，以防垃圾填埋场启用后产生渗漏。库区底部基础分三层施工，每层施工工序为A、B、C。

库区地基处理验收合格后便进行库区渗沥液防渗系统与收集导排系统工程施工，如图6所示，库区渗沥液防渗系统与收集导排系统由五道工序组成为：①铺设4800g/m^2的GCL（纳基膨润土防水毯）、②铺设HDPE膜（2.0mm）、③铺设200g/m^2土工布、④铺设600g/m^2土工布、⑤铺300mm厚卵石渗沥液导流层。铺设HDPE膜（2.0mm）质量验收合格后，进行余下三道工序施工。

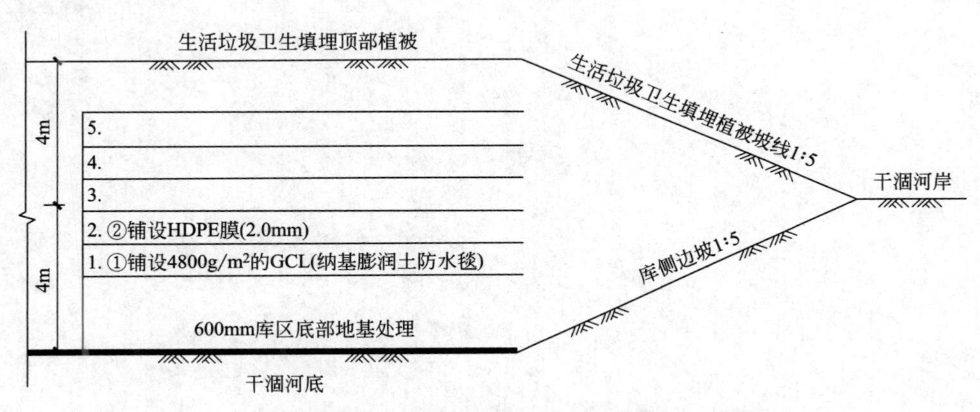

图6　库区渗沥液防渗系统与收集导排系统示意图

生活垃圾填埋场全部施工项目完成验收后，移交给营运部门，并开始接收附近的城区生活垃圾卫生填埋工作，生活垃圾卫生填埋工艺流程如图7所示，直至库区的封场生态保护修复。

问题：

1. 项目部测量组在现场接收、建立并复测哪两类控制点，图纸会审和设计交底会议由哪个单位组织？

2. 按库区底部基础回填要求，黄土分三层回填的施工工序中A、B、C分别对应哪三项具体工作。

3. 在施工现场铺设HDPE膜（2.0mm）的焊接工艺有哪几种，分别用什么方法进行质

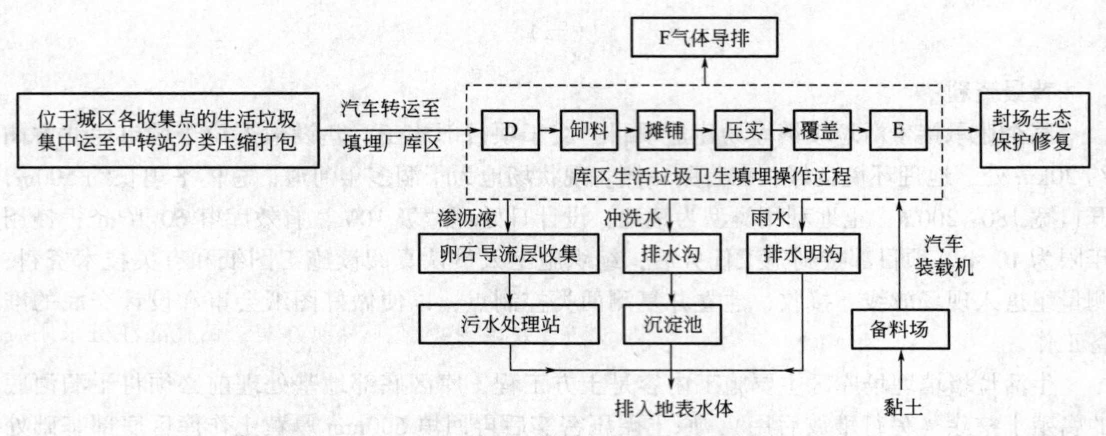

图 7　生活垃圾卫生填埋工艺流程

量检测？

4. 填写图 6 中 3~5 的编号。

5. 库区生活垃圾卫生填埋过程中 D、E 为哪项操作过程，F 为哪种气体？

（四）

背景资料：

某施工单位中标一项城市更新项目，主要施工内容为排水箱涵工程，总长度2500m。排水箱涵位于既有道路下方，包括基坑支护、止水帷幕、钢筋混凝土箱涵及道路恢复，箱涵采用明挖法施工。设计规定施工期间基坑边1.5m范围内不得有堆载。箱涵结构及基坑支护结构断面如图8所示。箱涵混凝土强度等级为C35，抗渗等级为P8，每20m设置一道变形缝。

事件1：项目部依据设计图纸编制了基坑支护及开挖施工专项方案，钻孔灌注桩采用旋挖钻机施工，工艺流程为：测量定位→干挖成孔→下钢筋笼→浇筑混凝土→跳桩挖孔。高压旋喷桩采用双管法施工，工艺流程为：钻机就位→钻孔→置入注浆管→A→拔出注浆管。基坑采用机械分层、分段挖土，每层挖土厚度不超过1.5m，基坑分段开挖长度为20m，分层开挖高度至钢筋混凝土内支撑底标高时，施工冠梁及钢筋混凝土内支撑。当第一道支撑混凝土强度达到设计要求的80%后，进行第二层土方开挖。桩间采用挂网喷射混凝土支护，随土方开挖及时支护，严格遵守基坑开挖原则。

事件2：基坑施工正值雨期，项目部在基坑外侧设置了排水沟，对基坑外地面进行了压实处理；基坑开挖时，坑内排水采取明排疏干。同时，项目部为应对基坑坍塌准备了如下应急抢险物资：发电机、木方、土袋、砂袋、临时抢险材料、堵漏材料及设备等。

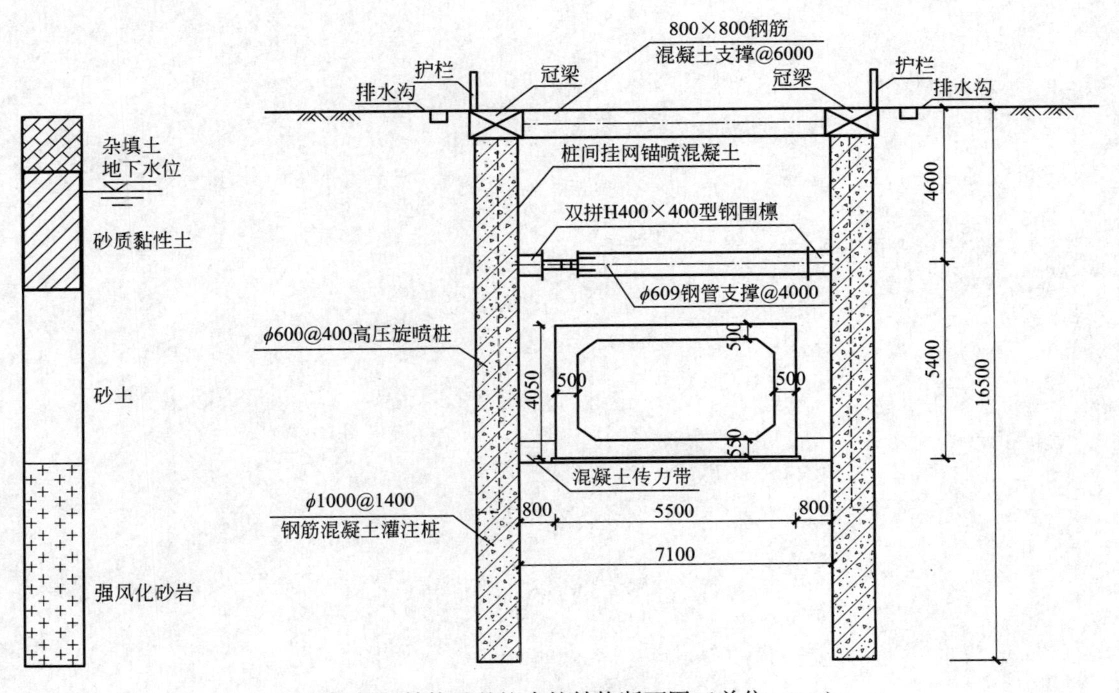

图8　箱涵结构及基坑支护结构断面图（单位：mm）

事件3：由于施工场地狭窄，钢支撑临时进场堆放在基坑外临边护栏处，占用了挖机的站位。当基坑开挖到深度7m时，尚无法安装第二道钢支撑，项目部安全员现场检查发现，局部桩间已有渗水及涌砂现象，救援人员利用第一道钢筋混凝土支撑梁作为抢险通道在其上行走救援，传递堵漏物资。安全员认为现场违章作业严重，发出了立即整改通知。

事件4：项目部编制了箱涵主体结构施工方案，在底板施工完成后，侧墙顶板的模板支架进入已完成的底板现场，同时跳仓进行另一块底板浇筑工作。方案中分析了箱涵施工中存在的各类安全质量风险，其中包括模板支架、钢筋混凝土浇筑施工、结构易渗漏部位、影响后续道路施工质量的工序及安全风险，并制定了相应的对策。

问题：

1. 事件1中，双管法高压旋喷的介质有哪些；高压旋喷注浆的工艺流程中A代表哪项工作；旋喷注浆参数通过何种方式确定？

2. 事件2中，抢险物资清单缺少哪些应对基坑坍塌必用的应急物资？

3. 面对事件3中存在的施工材料堆放、钢支撑架设、锚喷混凝土、桩间渗水、救援人员这5方面安全隐患，给出5个相对应的防范措施。

4. 事件4中，侧墙及顶板混凝土浇筑时，用于检验混凝土强度的试件应在哪里取样；侧墙混凝土浇筑原则有哪些；顶板混凝土强度至少应达到设计强度的多少可以拆除模板支架体系？

5. 事件4中，箱涵主体结构施工易渗漏部位有哪些？为保证道路达到施工质量要求，项目部需对哪道工序进行质量风险管控？

（五）

背景资料：

某公司承建一座城市桥梁工程，双向四车道，桥宽 28m，预制预应力混凝土 T 形梁，先简支后连续结构，桥跨布置形式为 2×（4×35m），下部结构为钻孔灌注基础，直径 1.8m 柱式墩，T 梁先简支后连续结构如图 9、图 10 所示。

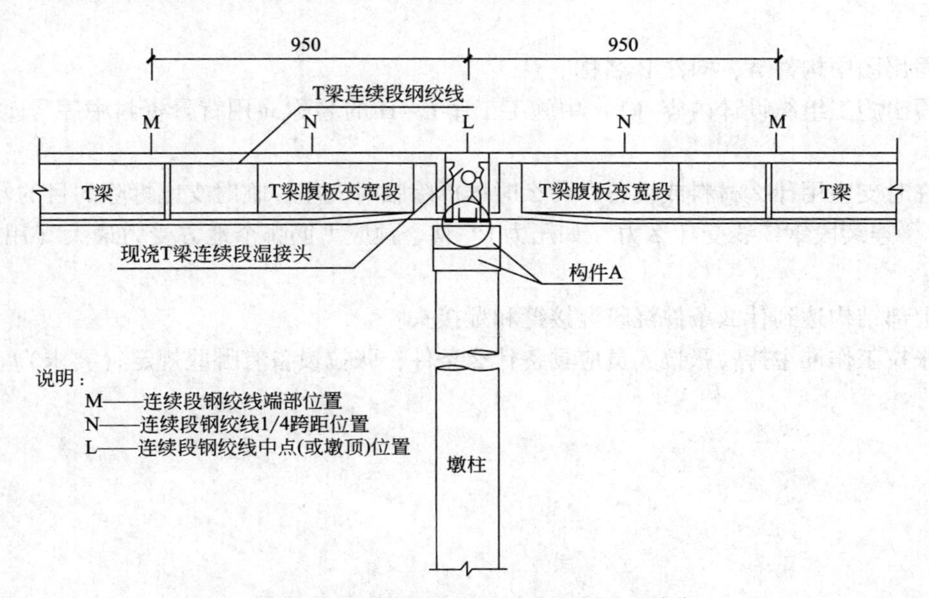

图 9　T 梁先简支后连续结构纵剖面示意图（单位：cm）

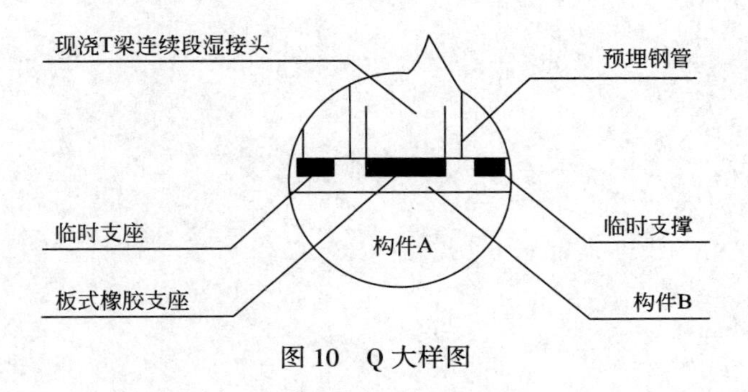

图 10　Q 大样图

项目部编制的施工组织设计部分内容如下：

（1）将上部结构 T 梁安装施工工序划分为：①T 梁预制、②T 梁吊装、③张拉 T 梁连续段钢绞线、④安装板式橡胶支座、⑤安装临时支座、⑥拆除临时支座、⑦现浇 T 梁连续段湿接头、⑧现浇 T 梁翼板湿接缝；施工工艺流程为：①T 梁预制→C→②T 梁吊装→D→E→F→G→H→桥面系施工。

（2）根据上部结构的结构形式及施工技术方案选择临时支座的使用材料或设备，在具备施工条件时开展临时支座拆除。

（3）在 T 梁安装施工过程中，适时开展 T 梁连续段湿接头、T 梁翼板湿接缝的现场浇筑施工。

（4）T梁连续段钢绞线施工前，项目部开展主要准备工作如下：

① 指派技术人员主持钢绞线张拉施工工作，编制专项施工方案等然后施工人员开展钢绞线张拉施工作业交底。

② 检验锚具、夹具、钢绞线的型号、规格等参数及张拉设备是否符合设计要求。

③ 检查钢绞线的张拉设备是否符合使用规定。

问题：

1. 写出图中构件A、构件B名称。

2. 写出施工组织设计内容（1）中施工工序C~H的名称（用背景资料中序号①~⑧作答）。

3. 临时支座用什么材料或设备，什么时候拆除临时支座，临时支座拆除的目的？

4. T梁连续段钢绞线受什么力（如压力）？整个预应力筋哪个地方受力最大（用字母表示）。

5. 上部结构达到什么条件浇筑湿接缝和湿接头？

6. 张拉工作谁主持？张拉人员应具备什么条件，张拉设备有哪些规定（要求）？

2024年度真题参考答案及解析

一、单项选择题

1. C；	2. A；	3. D；	4. B；	5. D；
6. B；	7. B；	8. D；	9. A；	10. A；
11. B；	12. B；	13. D；	14. B；	15. D；
16. D；	17. A；	18. C；	19. C；	20. C。

【解析】

1. C。本题考核的是二灰稳定粒料基层。二灰稳定粒料基层中的粉煤灰，若三氧化硫（SO_3）含量偏高，易使路面起拱，直接影响道路基层和面层的弯沉值。

2. A。本题考核的是温拌沥青混合料面层施工。A选项错误，错在“0.5%~8%”，正确的是“5%~6%”，其余选项均正确。

3. D。本题考核的是桥梁工程常用术语。桥梁工程常用术语中：A选项错误，“桥面与低水位之间的高差”描述的是“桥梁高度”的概念。

B选项错误，“桥下线路路面至桥跨结构最下缘之间的距离”描述的是“桥下净空高度”的概念。

C选项错误，“桥面顶标高对于通航净空顶部标高之差”描述的是“容许建筑高度”的概念。

建筑高度是桥上行车路面（或轨顶）标高至桥跨结构最下缘之间的距离，因此D选项正确。

4. B。本题考核的是盖梁施工。盖梁为悬臂梁时，混凝土浇筑应从悬臂端开始；预应力钢筋混凝土盖梁拆除底模时间应符合设计要求；如设计无要求时，孔道压浆强度应达到设计强度后，方可拆除底模板。

5. D。本题考核的是钢梁支撑体系安装。临时支撑体系一般采用型钢，如角钢、槽钢、工字钢、H型钢、钢管等，由立柱和横梁组成，也可采用贝雷片、盘扣支架等；对于分节段钢箱梁安装，则支撑体系设在对接环缝处。

6. B。本题考核的是斜拉桥的结构组成。斜拉桥由索塔、钢索和主梁构成。锚碇是悬索桥的组成部分。

7. B。本题考核的是冬期混凝土工程施工技术要求。A选项错误，冬期施工应采用硅酸盐水泥或普通硅酸盐水泥配制混凝土。

冬期混凝土宜选用较小的水灰比和较小的坍落度，因此B选项正确，C选项错误。

拌制混凝土应优先选用加热水的方法，水加热温度不宜高于80℃，骨料加热不得高于60℃，因此D选项错误。

8. D。本题考核的是暗挖隧道施工方法。PBA工法：是浅埋暗挖法的一种，用于地铁暗挖车站，当地质条件差、断面特大时，一般设计成多跨结构，跨与跨之间、有梁、柱连接。

钻爆法：适用于地质条件较为适宜，岩层坚硬、不易破碎的情况。

TBM 法：主要适用于山岭隧道硬岩掘进，具有快速、优质、安全、经济等优点。TBM 法也有其局限性，特别是在地质条件复杂、软弱地层和断层破碎带等地层中施工困难。

盾构法：已能适用于各种水文地质条件，无论是软松或坚硬的、有地下水或无地下水的暗挖隧道工程基本可以采用该工法施工。

9. A。本题考核的是工程降水方法及适用条件。真空井点：适合渗透系数 0.01~20.0m/d 的地质条件。

喷射管井：适合渗透系数>1m/d 的地质条件。

喷射井点：适合渗透系数 0.1~20.0m/d 的地质条件。

辐射井：适合渗透系数>0.1m/d 的地质条件。

10. A。本题考核的是水池满水试验要求。注水时水位上升速度不宜大于 2m/d，相邻两次注水的间隔时间不应小于 24h。

11. B。本题考核的是燃气管道穿越施工中采用水平定向钻施工的技术要求。导向孔施工完成后，应根据待铺设管线的管径等选择扩孔钻头。扩孔钻头连接顺序为：钻杆、扩孔钻头、分动器、转换卸扣、钻杆。

12. B。本题考核的是聚乙烯燃气管道埋地敷设。A 选项错误，下管时，不得采用金属材料直接捆扎和吊运管道。

聚乙烯燃气管道宜呈蜿蜒状敷设，并可随地形在一定的起伏范围内自然弯曲敷设，不得使用机械或加热方法弯曲管道，因此 B 选项正确，D 选项错误。

采用水平定向钻埋地敷设时，管道拖拉长度不宜超过 300m，因此 C 选项错误。

13. D。本题考核的是膨润土防水毯施工技术。A 选项错误，未正式施工铺设前严禁拆开包装。

B 选项错误，不应在雨雪天气施工。

C 选项错误，现场敷设应呈品字形分布，不得出现十字搭接。

D 选项正确，坡面铺设完成后，应在底面留下不少于 2m 的膨润土防水毯余量。

14. B。本题考核的是生物滞留设施施工技术。A 选项错误，地面溢流设施顶部一般应低于汇水面 100mm。

B 选项正确，生物滞留设施面积与汇水面面积之比一般为 5%~10%。

C 选项错误：对于土壤渗透性较差的地区，可适当缩小雨水溢流口高程与绿地高程的差值，使得下沉式绿地集蓄的雨水能够在 24h 内完全下渗。

D 选项错误，砾石排水层应洗净且粒径不小于穿孔管的开孔孔径。

15. D。本题考核的是市政公用工程常用的施工测量仪器。市政公用工程常用的施工测量仪器中，水准仪：现场施工多用来测量构筑物标高和高程，适用于施工控制测量的控制网水准基准点的测设及施工过程中的高程测量。

陀螺经纬仪：在市政公用工程施工中经常用于地下隧道的中线方位校核，可有效提升隧道贯通测量的精度（现在已有为陀螺全站仪）。

激光准直（指向）仪：现场施工测量用于角度测量和定向准直测量，适用于长距离、大直径隧道或桥梁墩柱、水塔、灯柱等高耸构筑物控制测量的点位坐标传递及同心度找正测量。

全站仪：主要应用于施工平面控制网的测量以及施工过程中测点间水平距离、水平角度的测量；在特定条件下，市政公用工程施工选用全站仪进行三角高程测量和三维坐标的测量。

16. D。本题考核的是道路监测项目。道路监测项目主要有路面和路基的竖向位移监测、道路挡墙竖向位移监测和道路挡墙倾斜监测等。高填方路基还应进行施工过程中和施工之后的沉降监测。

17. A。本题考核的是工程总承包项目部主要岗位职责。施工经理主要岗位职责：应根据合同要求，执行项目施工计划，负责项目的施工管理，对施工质量、安全、费用和进度进行监控，负责对项目分包人的协调、监督和管理工作。

项目经理主要岗位职责：是工程总承包项目的负责人，经授权代表工程总承包企业负责履行项目合同，负责项目的计划、组织、领导和控制，对项目的质量、安全、费用、进度等负责。

控制经理主要岗位职责：根据合同要求，协助项目经理制定项目总进度计划及费用管理计划。协调其他职能经理组织编制设计、采购、施工和试运行的进度计划。对项目的进度、费用以及设备、材料进行综合管理和控制，并指导和管理项目控制专业人员的工作，审查相关输出文件。

商务经理主要岗位职责：协助项目经理，负责组织项目合同的签订和项目合同管理。

18. C。本题考核的是需要专家论证的工程范围。需要专家论证的工程范围：

（1）跨度 36m 及以上的钢结构安装工程，或跨度 60m 及以上的网架和索膜结构安装工程，A 选项未到达规定的范围，因此不需要组织专家论证。

（2）施工高度 50m 及以上的建筑幕墙安装工程，B 选项未到达规定的范围，因此不需要组织专家论证。

（3）搭设高度 50m 及以上的落地式钢管脚手架工程，C 选项到达规定的范围，因此需要组织专家论证。

（4）提升高度在 150m 及以上的附着式升降脚手架工程或附着式升降操作平台工程，D 选项未到达规定的范围，因此不需要组织专家论证。

19. C。本题考核的是市政工程评标要求。采用综合评估的方法，但不能任意提升技术部分的评分比重，一般技术部分的分值权重不得高于 40%，报价和商务部分的分值权重不得低于 60%。

20. C。本题考核的是材料采购合同的主要内容。材料采购合同的交货期限，应明确具体的交货时间。如果分批交货，要注明各个批次的交货时间。交货日期的确定可以按照下列方式：

（1）供货方负责送货的，以采购方收货戳记的日期为准，因此 A 选项错误。

（2）采购方提货的，以供货方按合同规定通知的提货日期为准，因此 B 选项错误。

（3）凡委托运输部门或单位运输、送货或代运的产品，一般以供货方发运产品时承运单位签发的日期为准，不是以向承运单位提出申请的日期为准，因此 C 选项正确，D 选项错误。

二、多项选择题

21. C、D； 22. C、D、E； 23. B、C、D、E；
24. A、B、E； 25. A、B、D； 26. B、C、D；
27. A、B、C、E； 28. B、C、E； 29. A、C、D、E；
30. A、B、C、E。

【解析】

21. C、D。本题考核的是不良土质路基处理。土质改良是指用机械（力学）、化学、电、热等手段增加路基土的密度，或使路基土固结，这一方法是尽可能地利用原有路基。土的置换是将软土层换填为良质土如砂垫层等。土的补强是采用薄膜、绳网、板桩等约束住路基土，或者在土中放入抗拉强度高的补强材料形成复合路基以加强和改善路基土的剪切特性。

板桩与加筋土属于土的补强，振动压实与砂井预压属于土的改良，砂石垫层属于土的置换。

22. C、D、E。本题考核的是路堤加筋施工技术。土工格栅宜选择强度高、变形小、糙度大的产品，因此A选项错误。

土工合成材料摊铺后宜在48h以内填筑填料，以避免其遭受过长时间的阳光直晒，因此B选项错误。

填料不应直接卸在土工合成材料上面，必须卸在已摊铺完毕的土面上，因此C选项正确；卸土高度不宜大于1m，以防局部承载力不足，因此D选项正确。

边坡防护与路堤的填筑应同时进行，因此E选项正确。

23. B、C、D、E。本题考核的是挡土墙结构形式及结构特点。衡重式挡土墙结构特点：①上墙利用衡重台上填土的下压作用和全墙重心的后移增加墙体稳定。②墙胸坡陡，下墙倾斜，可降低墙高，减少基础开挖。因此A不选。

带卸荷板的柱板式挡土墙结构特点：①由立柱、底梁、拉杆、挡板和基座组成，借卸荷板上的土重平衡全墙。②基础开挖较悬臂式少。③可预制拼装，快速施工。因此B要选。

锚杆式挡土墙结构特点：①由肋柱、挡板和锚杆组成，靠锚杆固定在岩体内拉住肋柱。②锚头为楔缝式或砂浆锚杆。根据考试用书，锚杆式挡土墙结构中的“挡板”为预制挡板，是墙体的主体部分，其可以采用混凝土或钢筋混凝土预制构件。在锚杆式挡土墙的预制拼装中，预制构件是关键。预制构件一般制作在工厂中，具有较高的质量可控性和工厂化生产优势。预制挡板在制作完成后，可以通过吊装等方式将其安装在现场墙体上。因此C也是符合题目要求的。

自立式（尾杆式）挡土墙结构特点：①由拉杆、挡板、立柱、锚锭块组成，靠填土本身和拉杆、锚锭块形成整体稳定。②结构轻便、工程量节省，可以预制、拼装，施工快速、便捷。③基础处理简单，有利于地基软弱处进行填土施工，但分层碾压需慎重，土也要有一定选择。因此D要选。

加筋土挡土墙结构特点：①挡土面板、加筋条定型预制，现场拼装，土体分层填筑，施工简便、快速、工期短。②造价较低，为普通挡墙（结构）造价的40%~60%。因此E要选。

24. A、B、E。本题考核的是桥梁工程模板、支架和拱架的设计与验算。支架设计中，验算刚度需采用的荷载组合有：模板、拱架和支架自重，新浇筑混凝土、钢筋混凝土或圬工、砌体的自重力，设于水中的支架所承受的水流压力、波浪力、流冰压力、船只及其他漂浮物的撞击力，其他可能产生的荷载，如风荷载、冬期施工保温设施荷载等。

25. A、B、D。本题考核的是装配式梁（板）构件预制施工技术要求。装配式梁（板）构件预制施工技术要求：

（1）预制台座的地基应具有足够的承载力，因此A选项需要考虑。

（2）对预应力混凝土梁、板，应根据设计单位提供的理论拱度值，结合施工的实际情况，正确预计梁体拱度的变化情况，在预制台座上按梁、板构件跨度设置相应的预拱度，因此D选项需要考虑。

（3）预制台座的间距应能满足施工作业要求，因此B选项需要考虑。

C、E选项描述的因素在考试用书中“装配式梁（板）构件预制施工技术要求”这部分内容中未提及，因此不选。

26. B、C、D。本题考核的是钢筋混凝土拱桥主要施工方法。钢筋混凝土拱桥的主要施工方法：按拱圈施工的拱架（支撑方式）可分为支架法、少支架法和无支架法；其中无支架施工包括缆索吊装、转体安装、劲性骨架、悬臂浇筑和悬臂安装以及由以上一种或几种施工方法的组合。

27. A、B、C、E。本题考核的是地铁车站构造组成。地铁车站通常由车站主体（站台、站厅、设备用房、生活用房），出入口及通道，附属建筑物（通风道、风亭、冷却塔等）三大部分组成。

28. B、C、E。本题考核的是污水处理构筑物的结构特点。水处理（调蓄）构筑物和泵房多数采用地下或半地下钢筋混凝土结构，特点是构件断面较薄，属于薄板或薄壳型结构，配筋率较高，具有较高抗渗性和良好的整体性要求。少数构筑物采用土膜结构如稳定塘等，面积大且有一定深度，抗渗性要求较高。A选项错误，断面较薄；D选项描述内容不涉及，不选。

29. A、C、D、E。本题考核的是综合管廊覆土深度确定因素。综合管廊覆土深度应根据地下设施竖向综合规划、行车荷载、绿化种植及当地的冰冻深度等因素综合确定。

30. A、B、C、E。本题考核的是微表处理技术适用的条件。微表处理技术应用于城镇道路维护，可单层或双层铺筑，具有封水、防滑、耐磨和改善路表外观的功能，MS-3型微表处混合料还具有填补车辙的功能。可达到延长道路使用期的目的，且工程投资少、工期短。题干未明确说明微表处理混合料的类型，D选项不选。

三、实务操作和案例分析题

（一）

1. 为解决地下水对路基的影响，挖方路段可采用的降水排水方案为：排水沟（暗沟、渗沟、集水明排）。

2. （1）根据施工背景，采取如下措施杜绝再次出现“弹簧土”：

① 清除碾压层下软弱层，换填良性土壤后重新碾压。

② 对产生“弹簧”的部位，可将其过湿土翻晒，拌合均匀后重新碾压；或挖除换填含

水率适宜的良性土壤后重新碾压。

③ 对产生“弹簧”且急于赶工的路段，可掺生石灰粉翻拌，待其含水率适宜后重新碾压。

④ 施工时应注意气象情况，摊铺后应及时碾压，避免在摊铺后碾压前的间断期间遭雨袭击，造成含水率过高以致无法碾压或勉强碾压引起弹簧。

⑤ 严格控制路床范围内填土的虚铺厚度，采用合理的压实机具进行压实，严格控制压实遍数，根据土的类型、湿度、设备及场地条件，选择压实方式。

⑥ 严禁异类土壤混填。

（2）压实开挖采取下列措施可有效保证路床压实度合格：

① 快速施工，分段开挖，切忌全面开挖或挖段过长。

② 完善排水系统，挖方地段要留好横坡，做好截水沟。下雨来不及完成时，及时碾压。

③ 坚持当天挖完、压完，不留后患。

④ 因雨翻浆地段，要换料重做。

⑤ 雨期开挖路堑，当挖至路床顶面以上 300~500mm 时应停止开挖，并在两侧挖好临时排水沟，待雨期过后再施工。

⑥ 加强巡视，发现给水、挡水处及时疏通，道路工程如有损坏，及时修复。

3. 具备条件的道路可集成数字化、网联化、智能化先进技术以实现沥青智能摊铺及压实。

4.（1）人行道透水砖的透水系数不应小于等于 1.0×10^{-2}cm/s 才能满足透水要求。

（2）图 3 所示盲道砖铺设有下列错误：

错误一：4 与 8 号盲道砖类型错误；

原因：行进盲道终点处应设置提示盲道，4 与 8 号盲道砖类型应为提示盲道。

错误二：11 与 12 号盲道砖类型错误；

原因：坡道的上下坡边缘处（上下坡道边线处）应设置提示盲道，11 与 12 号盲道砖类型应为提示盲道。

5. 为更好地实现雨水集蓄回用，生态植草沟底部还应铺设：透水土工布、砂砾石、碎（卵）石排水层、防渗（不透水）土工布、排水盲管。

（二）

1. 钢桁架梁出厂前必须要验收的工作有：试拼装、钢梁质量和应交付的文件。

2. 简支钢桁架梁桥上部结构组成部分：主桁架（主桁杆件，如 H 型钢或箱形钢）、联结系统（上下平面纵向连接和横向连接系构件）、桥面（联）系（梁之间的联结）。

3. 作业指导书指出，如现场焊接无设计要求，钢桁架梁梁段杆件焊缝连接时，焊接顺序宜为：纵向从跨中向两端、横向从中线向两侧对称进行。

4. 钢桁架梁安装前施工现场需做的工作中除临时支墩拼装外，还有下列工作要做：

（1）检查临时支架的位置标高和预拱度，验算其强度、刚度和稳定性。

（2）下部结构的墩柱盖梁的位置标高和强度验收合格，清扫干净后弹出中线边线。

（3）钢桁架梁节段全面检查，变形杆件校正，合格后方可安装。钢桁架采用焊接工艺，焊接设备完备，配套使用。

（4）起重吊装的地基承载力满足施工要求，吊机进行试吊。

（5）设置好导行设施并安排专人进行现场疏导、做好现场隔离和防护设施。

（6）钢桁架安装和吊装专项方案经过专家论证并审批通过，安装人员安全技术交底。

5. 在市政道路搭设临时支墩前需办理的手续及审核批准部门：

（1）办理临时占路审批手续，应由市政工程行政主管部门和公安交通管理部门审核批准。

（2）办理占用绿地审批手续，应由城市人民政府绿化行政主管部门审核批准。

（3）办理交通导行审批手续，应由市政工程行政主管部门，公安道路管理部门和交通主管部门批准。

（4）办理临时墩专项方案审批手续，应由施工单位和监理单位审核批准。

（三）

1. 项目部测量组在现场接收、建立并复测的控制点为：导线（平面）控制点、高程控制点。

图纸会审和设计交底会议由建设单位组织。

2. 黄土分三层回填的施工工序中 A、B、C 代表的工作为：A——摊铺；B——碾压；C——检测（验收）（压实度与渗水试验）。

3. 在施工现场铺设 HDPE 膜（2.0mm）的焊接工艺有：双缝热熔焊接、单缝挤压焊接。

双缝热熔焊接采用的质量检测方法：气压检测，破坏性（剪切、剥离）检测；单缝挤压焊接采用的质量检测方法：真空或电火花检测，破坏性（剪切、剥离）检测。

4. 图 6 中 3~5 的编号：3——④，4——⑤，5——③。

5. 库区生活垃圾卫生填埋过程中，D、E、F 代表内容为：D 工序——计量、E 工序——灭虫，F 代表的气体——沼气（甲烷）。

（四）

1. 事件 1 中双管法高压旋喷的介质有：高压水泥浆（或水泥浆）、压缩空气（或空气）。

高压旋喷注浆的工艺流程中 A 代表的工作为：高压喷射注浆。

旋喷注浆参数通过试验或工程经验的方式确定。

2. 事件 2 中抢险物资清单中缺少的应对基坑坍塌必用应急物资有：袋装水泥、临时支护材料、抽水设备（排水设施）、压浆设备、照明设备、备用电源。

3. 施工材料堆放、钢支撑架设、锚喷混凝土、桩间渗水、救援人员这五方面安全隐患对应的防范措施：

（1）施工材料堆放方面安全隐患的防范措施：

① 基坑边 1.5m 范围内不得堆载，钢支撑应在安全稳定便于运输的场地专门堆放，场地平整坚实排水良好且不妨碍施工。

② 基坑周边必须进行有效防护，并设置明显的警示标志；基坑周边要设置堆放物料的

限重牌，严禁堆放大量物料。

（2）钢支撑架设方面安全隐患的防范措施：

① 基坑土方开挖至钢支撑设计位置以下 50cm 时停止开挖安装钢支撑，遵循先支撑后开挖的原则。

② 钢支撑预加轴力未锁定前或混凝土横撑强度未达到设计文件规定的允许值前，不应继续开挖下层土方。

（3）锚喷混凝土方面安全隐患的防范措施：

① 桩间锚喷混凝土应喷射均匀，喷射厚度符合要求。

② 保证围檩与围护结构之间紧密接触，有效传递受力，避免支撑受力不均衡导致基坑坍塌。

③ 基坑边开挖边进行灌注桩之间的钢筋网片安装和混凝土喷射。

（4）桩间渗水方面安全隐患的防范措施：

① 控制高压旋喷桩的成桩质量，保证其搭接宽度，提升其挡水效果。

② 按先施工围护结构，后施工旋喷帷幕的顺序进行，在桩身混凝土达到要求后再进行帷幕施工。施工时保证桩身与帷幕间连接紧密。

③ 对渗水涌砂部位安装导流管，双快水泥封堵，达到设计强度后关闭导流管，若渗漏严重则回填土封堵，基坑背后打孔注入聚氨酯或水泥—水玻璃双液浆处理。

（5）救援人员方面安全隐患的防范措施：

① 支撑结构上不应堆放材料和运行施工机械，当需要利用混凝土支撑结构兼做施工平台或栈桥时，应进行专门设计。

② 救援运输利用垂直专用运输设备（或安全爬梯）运送。

4. 侧墙及顶板混凝土浇筑时，用于检验混凝土强度的试件应在浇筑地点随机取样。

侧墙混凝土浇筑原则有：左右对称、水平、分层。

顶板混凝土强度至少应达到设计强度的 75%方可以拆除模板支架体系。

5. 箱涵主体结构施工易渗漏部位有：变形缝、施工缝、预埋件处、预留孔洞、穿墙管道处。

为保证道路施工质量达标，项目部需对下列工序进行质量风险管控：箱涵（土方）回填（或箱涵回填与压实）。

（五）

1. 构件 A——盖梁，构件 B——垫石。

2. 施工组织设计（1）中施工工序 C~H 的名称：

C——⑤安装临时支座，D——⑧现浇 T 梁翼板湿接缝，E——④安装板式橡胶支座，F——⑦现浇 T 梁连续段湿接头，G——③张拉 T 梁连续段钢绞线，H——⑥拆除临时支座。

3.（1）临时支座采用钢砂箱、千斤顶。

（2）湿接头混凝土浇筑后预应力张拉完成且孔道压浆达到设计强度后拆除临时支座。

（3）临时支座拆除的目的：完成梁跨体系转换，让桥梁正常受力。

4. T 梁连续段钢绞线受拉力，整个预应力筋 L 位置受力最大。

5.（1）梁、板之间的横向湿接缝，应在梁、板全部安装完成后方可进行施工。

（2）同一联梁板安装完成之后再进行湿接头的浇筑。

6. 张拉工作由项目技术负责人主持。

张拉人员应具备条件：教育培训，考试合格，持证上岗。

张拉设备：使用智能数控张拉设备（二类以上市政工程项目），张拉设备的校准期限不得超过半年，且不得超过200次张拉作业。张拉设备应配套校准，配套使用。

2023 年度全国一级建造师执业资格考试

学习遇到问题？
扫码在线答疑

《市政公用工程管理与实务》

真题及解析

2023 年度《市政公用工程管理与实务》真题

一、单项选择题（共 20 题，每题 1 分。每题的备选项中，只有 1 个最符合题意）

1. 关于新建沥青路面结构组成特点的说法，正确的是（　）。

A. 行车荷载和自然因素对路面结构的影响随深度的增加而逐渐减弱，因而对路面材料的强度、刚度和稳定性的要求也随深度的增加而逐渐降低

B. 各结构层的材料回弹模量应自上而下递增，面层材料与基层材料的回弹模量比应大于或等于 0.3

C. 交通量大、轴载重时，宜选用刚性基层

D. 在柔性基层上铺筑面层时，城镇主干路、快速路应适当加厚面层或采取其他措施以减轻反射裂缝

2. 关于水泥混凝土面层接缝设置的说法，正确的是（　）。

A. 为防止胀缩作用导致裂缝或翘曲，水泥混凝土面层应设有垂直相交的纵向和横向接缝，且相邻接缝应至少错开 500mm 以上

B. 对于特重及重交通等级的水泥混凝土面层，横向胀缝、缩缝均设置传力杆

C. 胀缝设置时，胀缝板宽度设置宜为路面板宽度 1/3 以上

D. 缩缝应垂直板面，采用切缝机施工，宽度宜为 8~10mm

3. 关于 SMA 混合料面层施工技术要求的说法，正确的是（　）。

A. SMA 混合料宜采用滚筒式拌合设备生产

B. 应采用自动找平方式摊铺，上面层宜采用钢丝绳或导梁引导的高程控制方式找平

C. SMA 混合料面层施工温度应经试验确定，一般情况下，摊铺温度不低于 160℃

D. SMA 混合料面层宜采用轮胎压路机碾压

4. 水泥混凝路面采用滑模、轨道摊铺工艺施工，当施工气温为 20℃时，水泥混凝土拌合物从出料到运输、铺筑完毕分别允许的最长时间是（　）。

A. 1h、1.5h　　　　B. 1.2h、1.5h

C. 0.75h、1.25h　　　　D. 1h、1.25h

5. 模板支架设计时，荷载组合需要考虑倾倒混凝土时产生的水平向冲击荷载的是（　）。

A. 梁支架的强度计算　　B. 拱架的刚度验算

C. 重力式墩侧模板强度计算　　D. 重力式墩侧模板刚度验算

6. 水泥混凝土拌合物搅拌时，外加剂应以（　　）形态添加。

A. 粉末　　B. 碎块

C. 泥塑　　D. 溶液

7. 关于预应力张拉施工的说法，错误的是（　　）。

A. 当设计无要求时，实际伸长值与理论伸长值之差应控制在6%以内

B. 张拉初始应力（σ_0）宜为张拉控制应力（σ_{con}）的10%~15%，伸长值应从初始应力时开始测量

C. 先张法预应力施工中，设计未要求时，放张预应力筋时，混凝土强度不得低于设计混凝土强度等级值的75%

D. 后张法预应力施工中，当设计无要求时，可采取分批、分阶段对称张拉；宜先上、下或两侧，后中间

8. 新、旧桥梁上部结构拼接时，宜采用刚性连接的是（　　）。

A. 预应力混凝土T梁　　B. 钢筋混凝土实心板

C. 预应力空心板　　D. 预应力混凝土连续箱梁

9. 在拱架上浇筑大跨径拱圈间隔槽混凝的顺序，正确的是（　　）。

A. 从拱顶向一侧拱脚浇筑完成后再向另一侧浇筑

B. 由拱脚顺序向另一侧拱脚浇筑

C. 由拱顶向拱脚对称进行

D. 由拱脚向拱顶对称进行

10. 在地铁线路上，两种不同性质的列车进站进行客流换乘方式的站台属于（　　）。

A. 区域站　　B. 换乘站

C. 枢纽站　　D. 联运站

11. 盾构法存在地形变化引入监测工作，盾构法施工监测中的必测项目是（　　）。

A. 岩土体深层水平位移和分层竖向位移

B. 衬砌环内力

C. 隧道结构变形

D. 地层与管片接触应力

12. 下列构筑物属于污水处理的是（　　）。

A. 曝气池　　B. 集水池

C. 澄清池　　D. 清水池

13. 下列新型雨水分流处理制水，属于末端处理的是（　　）。

A. 雨水下渗　　B. 雨水湿地

C. 雨水收集回用　　D. 雨水净化

14. 关于热力管支、吊架的说法，正确的是（　　）。

A. 固定支架仅承受管道、附件、管内介质及保温结构的重量

B. 滑动支架主要承受管道及保温结构的重量和因管道热位移摩擦而产生的水平推力

C. 滚动支架的作用是使管道在支架上滑动时不偏离管道轴线

D. 导向支架的作用是减少管道热伸缩时的摩擦力

15. 下列生活垃圾卫生填埋场应配置的设施中，通常不包含（　　）。

A. 垃圾运输车辆进出场统计监控系统

B. 填埋气导排处理与利用系统

C. 填埋场污水处理系统

D. 填埋场地下水与地表水收集导排系统

16. 下列基坑工程的监测方案存在变形量接近预警值情况时，不需要专项论证的是（　　）。

A. 已发生严重事故，重新组织施工的基坑工程

B. 工程地质、水文地质条件复杂的基坑工程

C. 采用新技术、新工艺、新材料、新设备的三级基坑工程

D. 邻近重要建（构）筑物、设施、管线等破坏后果很严重的基坑工程

17. 营业税改增值税以后，简易计税方法，税率是（　　）。

A. 1%　　B. 2%　　C. 3%　　D. 4%

18. 关于聚乙烯燃气管道连接的说法，正确的是（　　）。

A. 固定连接件时，连接端伸出夹具的自由长度应小于公称外径的10%

B. 采用水平定向钻法施工，热熔连接时，应对15%的接头进行卷边切除检验

C. 电熔连接时的电压或电流、加热时间应符合熔接设备和电熔管件的使用要求

D. 热熔连接接头在冷却期间，不得拆开夹具，电熔连接接头可以拆开夹具检查

19. 关于柔性管道回填的说法，正确的是（　　）。

A. 回填时应在管内设横向支撑，防止两侧回填时挤压变形

B. 钢管变形率应不超过3%，化学建材管道变形率应不超过2%

C. 回填时，每层的压实遍数根据土的含水率确定

D. 管道半径以下回填时应采取防止管道上浮、位移的措施

20. 关于总承包单位配备项目专职安全生产管理人员数量的说法，错误的是（　　）。

A. 建筑工程面积1万m^2的工程配备不少于2人

B. 装修工程面积5万m^2的工程配备不少于2人

C. 土木工程合同价5000万元~1亿元的工程配备不少于2人

D. 劳务分包队伍施工人员在50~200人的应配备2人

二、多项选择题（共10题，每题2分。每题的备选项中，有2个或2个以上符合题意，至少有1个错项。错选，本题不得分；少选，所选的每个选项得0.5分）

21. 下列路面基层类别中，属于半刚性基层的有（　　）。

A. 级配碎石基层　　B. 级配砂基层

C. 石灰稳定土基层　　D. 石灰粉煤灰稳定砂砾基层

E. 水泥稳定土基层

22. 再生沥青混合料试验段摊铺完成后检测项目有（　　）。

A. 饱和度　　B. 流值

C. 车辙试验动稳定度　　D. 浸水残留稳定度

E. 冻融劈裂抗拉强度比

23. 关于钢筋直螺纹接头连接的说法，正确的有（　　）。

A. 接头应位于构件的最大弯矩处

B. 钢筋端部可采用砂轮锯切平

C. 直螺纹接头安装时采用管钳扳手拧紧

D. 钢筋丝头在套筒中应留有间隙

E. 直螺纹接头安装后应用扭矩扳手校核拧紧扭矩

24. 地铁车站土建结构通常包括（　　）。

A. 车站主体　　B. 监控中心

C. 出入口及通道　　D. 消防设施

E. 附属建筑物

25. 关于超前小导管注浆加固技术要点的说法，正确的有（　　）。

A. 应沿隧道拱部轮廓线外侧设置

B. 具体长度、直径应根据设计要求确定

C. 成孔工艺应根据地层条件进行选择，应尽可能地减少对地层的扰动

D. 加固地层时，其注浆浆液应根据以往经验确定

E. 注浆顺序应由下而上、间隔对称进行；相邻孔位应错开、交叉进行

26. 关于装配式预应力混凝土水池现浇壁板缝混凝土施工技术的说法，正确的有（　　）。

A. 壁板接缝的内外模一次安装到顶

B. 接缝的混凝土强度，无设计要求时，应大于壁板混凝土强度一个等级

C. 壁板缝混凝土浇筑时间根据气温和混凝土温度选在板间缝宽较小时进行

D. 壁板缝混凝土浇筑时，分层浇筑厚度不宜超过250mm

E. 用于壁板缝的混凝土，宜采用微膨胀缓凝水泥

27. 关于水平定向钻施工的说法，正确的有（　　）。

A. 导向孔施工主要是控制和监测钻孔轨迹

B. 导向孔第一根钻杆入土钻进时，采取轻压慢转方式

C. 扩孔直径越大越易于管道钻进

D. 回扩和回拖均从出土点向入土点进行

E. 导向钻进、扩孔及回拖时，应控制泥浆的压力和流量

28. 关于给水管道水压试验的说法，正确的有（　　）。

A. 水压试验分为预试验和主试验阶段

B. 水压试验在管道回填之前进行

C. 水泵、压力计安装在试验段两端与管道轴线相垂直的支管上

D. 试验合格的判定依据可根据设计要求选择允许压力降值和允许渗水量值

E. 水压试验合格后，即可并网通水投入运行

29. 关于综合管廊明挖沟槽施工的说法，正确的有（   ）。

A. 沟槽支撑遵循“开槽支撑、先挖后撑、分层开挖、严禁超挖”的原则

B. 采用明排降水时，当边坡土体出现裂缝征兆时，应停止开挖，采取相应的处理措施

C. 综合管廊底板和顶板可根据施工需要留置施工缝

D. 顶板上部 1000mm 范围内回填应人工分层压实

E. 设计无要求时，机动车道下综合管廊回填土压实度应不小于 95%

30. 安全风险识别中，施工过程中的因素有（   ）。

A. 人的因素　　B. 物的因素

C. 经济因素　　D. 环境因素

E. 管理因素

三、实务操作和案例分析题（共 5 题，（一）、（二）、（三）题各 20 分，（四）、（五）题各 30 分）

（一）

背景资料：

某公司承建了城市主干路改扩建项目，全长 5km、宽 60m。现状道路机动车道为 22cm 厚水泥混凝土路面+36cm 厚水泥稳定碎石基层+15cm 厚级配碎石垫层，在土基及基层承载状况良好路段，保留现有路面结构直接在上面加铺 6cm 厚 AC-20C+4cm 厚 SMA-13，拓宽部分结构层与既有道路结构层保持一致。

拓宽段施工过程中，项目部重点对新旧搭接处进行了处理，以减少新、旧路面沉降差异。浇筑混凝土前，对新、旧路面接缝处凿毛、清洁、涂刷界面剂，并做了控制不均匀沉降变形的构造措施，如图 1 所示。

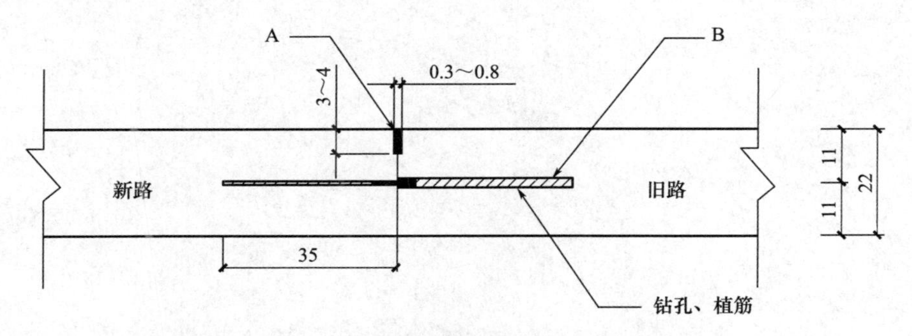

图 1　不均匀沉降变形的构造措施（单位：cm）

根据旧水泥混凝土路面评定结果，项目部对现状道路面层及基础病害进行了修复处理。沥青摊铺前，项目部对全线路缘石、检查井、雨水口标高进行了调整，完成路面清洁及整平工作，随后对新、旧缝及原水泥混凝土路面做了裂缝控制处治措施，随即封闭交通开展全线沥青摊铺施工。

沥青摊铺施工正值雨期，将全线分为两段施工并对沥青混合料运输车增加防雨措施，

保证雨期沥青摊铺的施工质量。

问题：

1. 指出图 1 中 A、B 的名称。

2. 根据水泥混凝土路面板不同的弯沉值范围，分别给出 0.2～1.0mm 及 1.0mm 以上的维修方案；基础脱空处理后，相邻板间弯沉差宜控制在什么范围以内？

3. 补充沥青下面层摊铺前应完成的裂缝控制处治措施具体工作内容。

4. 补充雨期沥青摊铺施工质量控制措施。

（二）

背景资料：

某公司承建一座城市桥梁二期匝道工程，为缩短建设周期，设计采用钢-混凝土结合梁结构，跨径组合为3×(3×20)m，桥面宽度7m，横断面路幅划分0.5m(护栏)+6m(车行道)+0.5m(护栏)。上部结构横断面上布置5片纵向H型钢梁，每跨间设置6根横向连系钢梁，形成钢梁骨架体系，桥面板采用现浇C50强度等级钢筋混凝土板；下部结构为盖梁及ϕ130cm桩柱式墩，基础采用ϕ130cm钢筋混凝土钻孔灌注桩（一期已完成）；重力式U形桥台；桥面铺装采用6cm厚SMA-13沥青混凝土。桥梁横断面如图2所示。

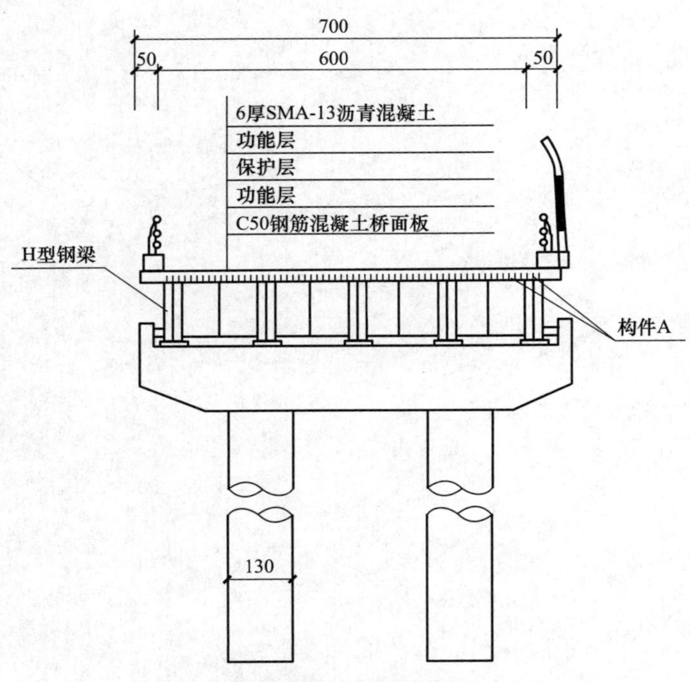

图2　桥梁横断面示意图（单位：cm）

项目部编制的施工组织设计有如下内容：

（1）将上部结构的施工工序划分为：①钢梁制作、②桥面板混凝土浇筑、③组合吊模拆除、④钢梁安装、⑤组合吊模搭设、⑥养护、⑦构件A焊接、⑧桥面板钢筋制作安装。施工工艺流程为：①钢梁制作→B→C→⑤组合吊模搭设→⑧桥面板钢筋制作安装→②桥面板混凝土浇筑→D→E。

（2）根据桥梁结构特点及季节对混凝土拌合物的凝结时间、强度形成和收缩性能等方面的需求，设计给出了符合现浇桥面板混凝土的配合比。

（3）桥面板混凝土浇筑施工按上部结构分联进行，浇筑的原则和顺序严格执行规范的相关规定。

问题：

1. 写出图2中构件A的名称，并说明其作用。

2. 施工组织设计（1）中，指出施工工序B～E的名称（用背景资料中的序号①～⑧作答）。

3. 施工组织设计（2）中，指出本项目桥面板混凝土配合比需考虑的基本要求。

4. 施工组织设计（3）中，指出桥面板混凝土浇筑施工的原则和顺序。

（三）

背景资料：

某公司承接一项管道埋设项目，将其中的雨水管道埋设工作安排所属项目部完成，该地区土质为黄土，合同工期 13d。项目部为了顺利完成该项目，根据自身的人员机具设备等情况，将该工程施工中的诸多工序合理整合成三个施工过程（挖土、排管回填），划分三个施工段并确定了每段工作时间，编制了用双代号网络计划图表示的进度计划，如图 3 所示。

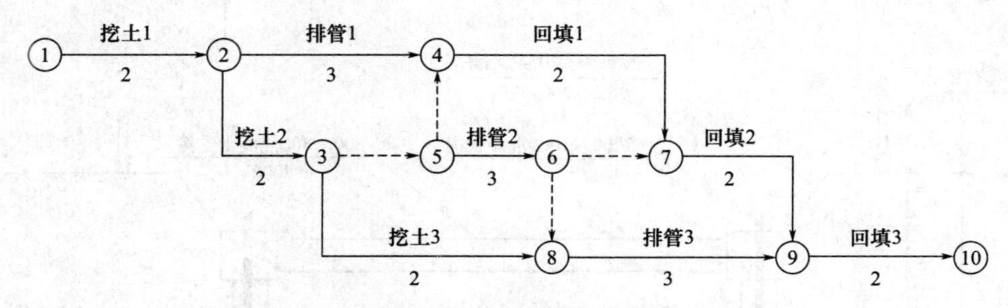

图 3　双代号网络计划图表示的进度计划（单位：d）

问题：

1. 改正图 3 中的错误（用文字表示）。

2. 写出排管 2 的紧后工作与紧前工作。

3. 图 3 中的关键线路为哪条；计划工期为多少天；能否按合同工期完成该项目？

4. 该雨水管道在回填前是否需要做严密性试验；我国有哪三种地区的土质在雨水管道回填前必须做严密性试验？

（四）

背景资料：

某公司承建一项城市综合管廊项目，为现浇钢筋混凝土结构，结构外形尺寸为 3.7m×8.0m，标准段横断面布置有 3 个舱室。明挖法施工，基坑支护结构采用 SMW 工法桩+冠梁及第一道钢筋混凝土支撑+第二道钢管撑，基坑支护结构横断面如图 4 所示。

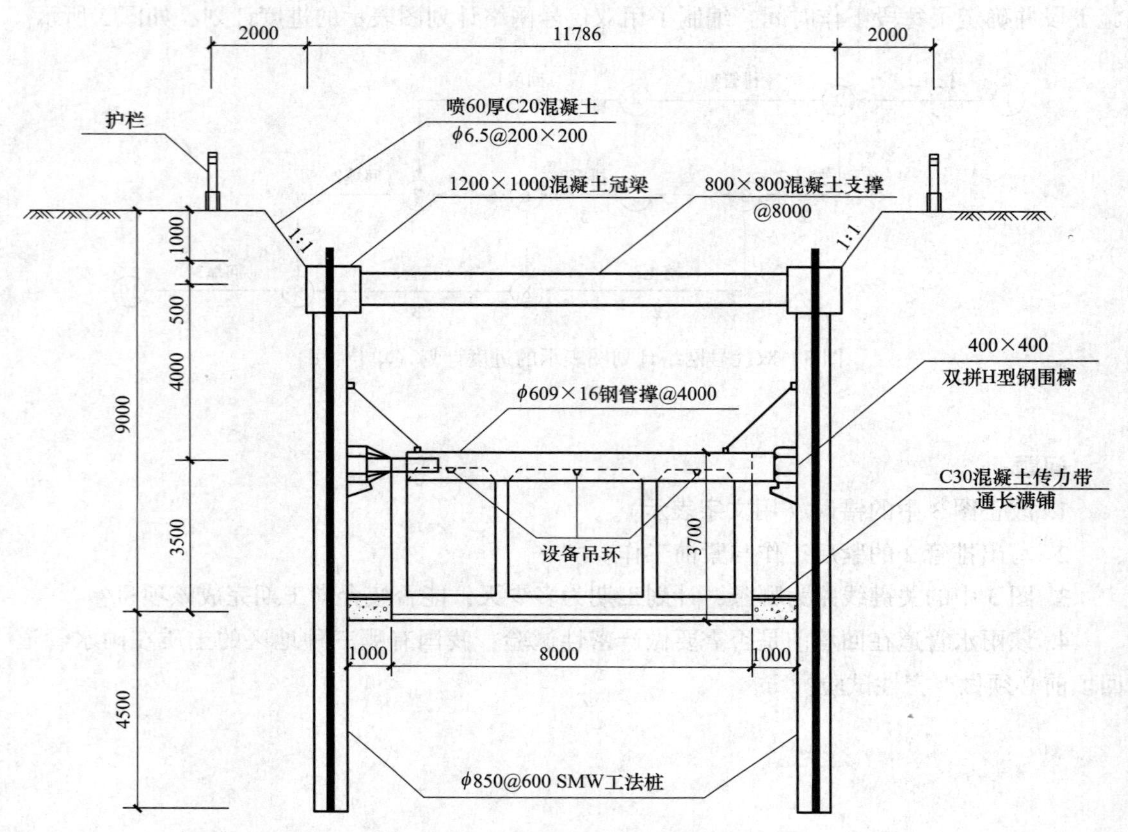

图 4　基坑支护结构横断面示意图（单位：mm）

项目部编制了基坑支护及开挖专项施工方案，施工工艺流程如下：施工准备→平整场地→测量放线→SMW 工法桩施工→冠梁及混凝土支撑施工→第一阶段土方开挖→钢围檩及钢管撑施工→第二阶段土方开挖→清理槽底并验收。专项方案组织专家论证时，专家针对方案提出如下建议：补充钢围檩与支护结构连接细部构造；明确钢管撑拆撑的实施条件。

问题一：项目部补充了钢围檩与支护结构连接节点图，如图 5 所示，明确了钢管撑架设及拆除条件，并依据修改后的方案进行基坑开挖施工，在第一阶段土方开挖至钢围檩底下方 500mm 时，开始架设钢管撑并施加预应力，在监测到支撑轴力有损失时，及时采取相应措施。

问题二：项目部按以下施工工艺流程进行管廊结构施工：施工准备→垫层施工→底板模板施工→底板钢筋绑扎→底板混凝土浇筑→拆除底板侧模→传力带施工→拆除钢管撑→

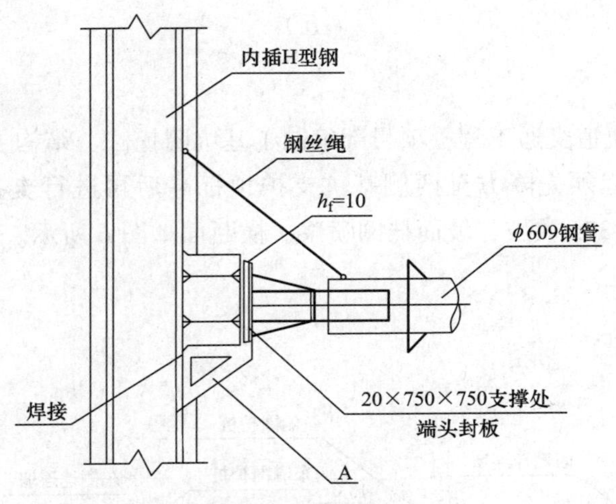

图5　钢围檩与支护结构连接节点图（单位：mm）

侧墙及中隔墙钢筋绑扎→侧墙内模及中隔墙模板安装→满堂支架搭设→B→侧墙外模安装→顶板钢筋绑扎→侧墙、中隔墙及顶板混凝土浇筑→模板支架拆除→C→D→土方回填至混凝土支撑以下500mm→拆除混凝土支撑→回填完毕。

问题三：满堂支架采用（φ48×3.5）mm盘扣式支架，立杆纵、横间距均为900mm，步距1200mm，顶托安装完成后，报请监理工程师组织建设、勘察、设计及施工单位技术负责人、项目技术负责人、专项施工方案编制人员及相关人员验收，专业监理工程师指出支架搭设不完整，需补充杆件并整改后复检。

问题四：侧墙、中隔墙及顶板混凝土浇筑前，项目部质检人员对管廊钢筋、保护层垫块、预埋件、预留孔洞等进行检查，发现预埋件被绑丝固定在钢筋上，预留孔洞按其形状现场割断钢筋后安装了孔洞模板，吊环采用螺纹钢筋弯曲并做好了预埋，检查后要求现场施工人员按规定进行整改。

问题：

1. 问题一中，图5中构件A的名称是什么；施加预应力应在钢管撑的哪个部位；支撑轴力有损失时，应如何处理；附着在H型钢上的钢丝绳起什么作用？

2. 问题二中，补充缺少的工序B、C、D的名称；现场需要满足什么条件方可拆除钢管撑？

3. 问题三中，顶托在满堂支架中起什么作用，如何操作；支架验收时项目部还应有哪些人员需要参加？

4. 专业监理工程师指出支架不完整，补充缺少的部分。

5. 问题四中，预埋件应该如何固定才能避免混凝土浇筑时不覆盖、不移位？补写孔洞钢筋正确处理办法。设备吊环应采用何种材料制作？

（五）

背景资料：

某公司中标城市轨道交通工程，项目部编制了基坑明挖法、结构主体现浇的施工方案，根据设计要求，本工程须先降方至两侧基坑支护顶标高后再进行支护施工，降方深度为6m，黏性土层，1∶0.375放坡，坡面挂网喷浆。横断面如图6所示。施工前对基坑开挖专项方案进行了专家论证。

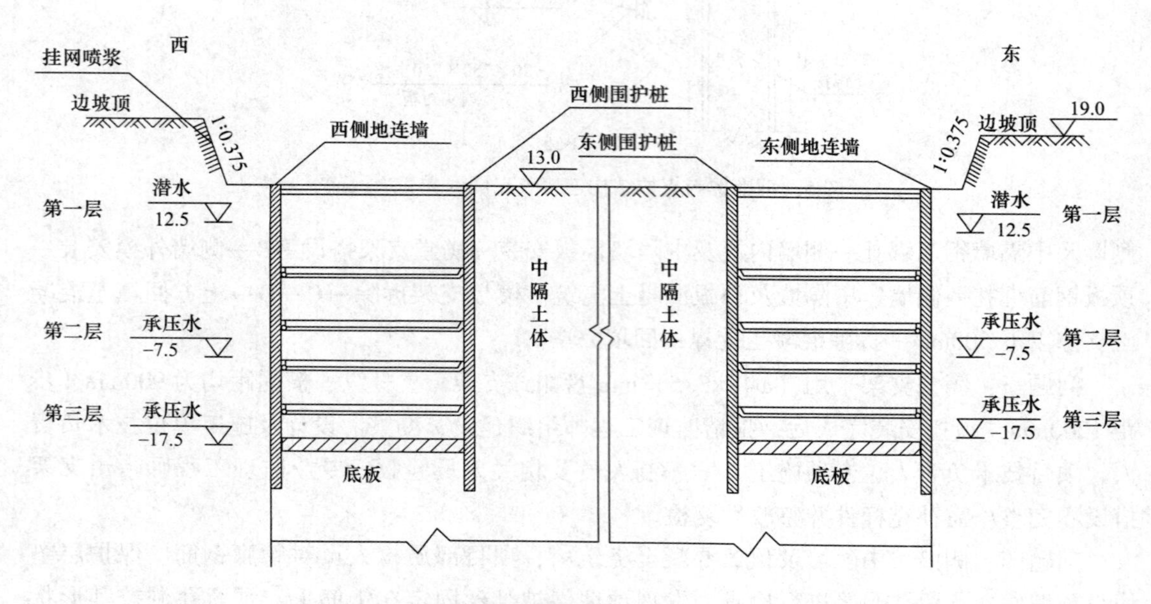

图6　基坑横断面示意图（高程单位：m）

基坑支护结构分别由地下连续墙及钻孔灌注桩两种形式组成，两侧地下连续墙厚度均为1.2m，深度为36m；两侧围护桩均为ϕ1.2m钻孔灌注桩，桩长36m，间距1.4m。围护桩及桩间土采用网喷C20混凝土。中隔土体采用管井降水，基坑开挖部分采用明排疏干。基坑两端末接邻标段封堵墙。

基坑采用三道钢筋混凝土支撑+两道（ϕ609×16）mm钢支撑，隧道内净高12.3m，汽车起重机配合各工序吊装作业。

施工期间对基坑监测的项目有：围护桩及降水层边坡顶部水平位移、支撑轴力及深层水平位移，随时分析监测数据。地下水分布情况见横断面示意图。

问题：

1. 本工程涉及超过一定规模的危险性较大的分部分项工程较多，除降方和基坑开挖支护方案外，依据背景资料，另补充三项需专家论证的专项施工方案。

2. 分析两种不同支护方式的优点及两种降水排水措施产生的效果。

3. 本工程施工方案只考虑采用先降方后挂网喷浆护面措施，还可以使用哪些常用的坡脚及护面措施。

4. 对于降方工作坡面喷浆不及时发生边坡失稳迹象可采取的措施有哪些？

5. 在不考虑环境因素的前提下，补充基坑监测应监测的项目。

2023年度真题参考答案及解析

一、单项选择题

1. A；	2. B；	3. C；	4. A；	5. C；
6. D；	7. D；	8. A；	9. D；	10. D；
11. C；	12. A；	13. B；	14. B；	15. A；
16. C；	17. C；	18. C；	19. D；	20. B。

【解析】

1. A。本题考核的是沥青路面结构组成特点。

A选项正确，行车载荷和自然因素对路面结构的影响随深度的增加而逐渐减弱，因而对路面材料的强度、刚度和稳定性的要求也随深度的增加而逐渐降低。

B选项错误，错在“递增”，正确的是“递减”。

C选项错误，错在“宜选用刚性基层”，正确的是“应采用高级路面面层与强度较高的结合料稳定类材料基层”。

D选项错误，错在“柔性基层”，正确的是“半刚性基层”。

2. B。本题考核的是水泥混凝土面层接缝设置。

水泥混凝面层一般相邻的接缝对齐，不错缝，因此A选项错误。

胀缝板宜用厚20mm，水稳定性好，具有一定柔性的板材制作，且应经防腐处理，因此C选项错误。

缩缝应垂直板面，采用切缝机施工，宽度宜为4~6mm，因此D选项错误。

3. C。本题考核的是SMA混合料面层施工技术要求。

SMA混合料宜采用拌合机，因此A选项错误。

摊铺机应采用自动找平方式，中、下面层宜采用钢丝绳或导梁引导的高程控制方式，上面层宜采用非接触式平衡梁，因此B选项错误。

改性沥青SMA混合料施工温度应经试验确定，一般情况下，摊铺温度不低于160℃，因此C选项正确。

改性沥青SMA混合料宜采用振动压路机或钢筒式压路机碾压，不应采用轮胎压路机碾压，因此D选项错误。

4. A。本题考核的是水泥混凝土运输要求。混凝土拌合物出料到运输、铺筑完毕允许最长时间见表1。

表 1　混凝土拌合物出料到运输、铺筑完毕允许最长时间（h）

施工气温*（℃）	到运输完毕允许最长时间		到铺筑完毕允许最长时间	
	滑模、轨道	三辊轴、小机具	滑模、轨道	三辊轴、小机具
5~9	2.0	1.5	2.5	2.0
10~19	1.5	1.0	2.0	1.5
20~29	1.0	0.75	1.5	1.25
30~35	0.75	0.50	1.25	1.0

注：表中＊指施工时间的日间平均气温，使用缓凝剂延长凝结时间后，本表数值可增加 0.25~0.5h。

5. C。本题考核的是模板、支架和拱架的设计与验算要求。设计模板、支架和拱架时应按表 2 要求进行荷载组合。

表 2　设计模板、支架和拱架的表

模板构件名称	荷载组合	
	计算强度用	验算刚度用
梁、板和拱的底模及支承板、拱架、支架等	①+②+③+④+⑦+⑧	①+②+⑦+⑧
缘石、人行道、栏杆、柱、梁板、拱等的侧模板	④+⑤	⑤
基础、墩台等厚大结构物的侧模板	⑤+⑥	⑤

注：表中代号意思如下：

① 模板、拱架和支架自重。

② 新浇筑混凝土、钢筋混凝土或圬工、砌体的自重力。

③ 施工人员及施工材料机具等行走运输或堆放的荷载。

④ 振捣混凝土时的荷载。

⑤ 新浇筑混凝土对侧面模板的压力。

⑥ 倾倒混凝土时产生的水平向冲击荷载。

⑦ 设于水中的支架所承受的水流压力、波浪力、流冰压力、船只及其他漂浮物的撞击力。

⑧ 其他可能产生的荷载，如风雪荷载、冬期施工保温设施荷载等。

6. D。本题考核的是水泥混凝土路面施工技术。《混凝土外加剂应用技术规范》GB 50119—2013 第 7.5.2 条规定，引气剂宜以溶液形式掺加，使用时应加入拌合水中，引气剂溶液中的水量应从拌合水中扣除。

第 7.5.3 条规定，引气剂、引气减水剂配制溶液时，应充分溶解后再使用。

第 7.5.4 条规定，引气剂可与减水剂、早强剂、缓凝剂、防冻剂等复合使用。配制溶液时，如产生絮凝或沉淀等现象，应分别配制溶液，并应分别加入搅拌机内。

7. D。本题考核的是预应力张拉施工要求。

设计无要求时，实际伸长值与理论伸长值之差应控制在 6%以内，因此 A 选项正确。

预应力张拉时，应先调整到初始应力（σ_0），该初始应力宜为张拉控制应力（σ_{con}）的 10%~15%，伸长值应从初始应力时开始量测，因此 B 选项正确。

先张法预应力施工中，放张预应力筋时混凝土强度必须符合设计要求，设计未要求时，不得低于设计混凝土强度等级值的 75%，因此 C 选项正确。

后张法预应力施工中，当设计无要求时，可采取分批、分阶段对称张拉；宜先中间，后上、下或两侧，因此 D 选项错误。

8. A。本题考核的是新、旧桥梁上部结构拼接的构造要求。根据桥梁上部结构类型不同一般采用以下的拼接方式：

（1）钢筋混凝土实心板和预应力混凝土空心板桥，新、旧板梁之间的拼接宜采用铰接或近似于铰接的连接。

（2）预应力混凝土T梁或组合T梁桥，新、旧T梁之间的拼接宜采用刚性连接。

（3）连续箱梁桥，新、旧箱梁之间的拼接宜采用铰接连接。

9. D。本题考核的是在拱架上浇筑混凝土拱圈。跨径小于16m的拱圈或拱肋混凝土，应按拱圈全宽从两端拱脚向拱顶对称、连续浇筑，并在拱脚混凝土初凝前全部完成。不能完成时，则应在拱脚预留一个隔缝，最后浇筑隔缝混凝土。

10. D。本题考核的是地铁车站形式分类。联运站是指车站内设有两种不同性质的列车线路进行联运及客流换乘。联运站具有中间站及换乘站的双重功能。

11. C。本题考核的是盾构法施工监测中的必测项目。盾构法施工时，施工监测项目应符合表3的规定。当穿越水域、建（构）筑物及其他有特殊要求地段时，应根据设计要求确定。

表3　施工监测项目

类别	监测项目
必测项目	施工区域地表隆沉、沿线建(构)筑物和地下管线变形
	隧道结构变形
选测项目	岩土体深层水平位移和分层竖向位移
	衬砌环内力
	地层与管片的接触应力

A选项“岩土体深层水平位移和分层竖向位移”、B选项“衬砌环内力”、D选项“地层与管片接触应力”属于盾构法施工监测中的选测项目。C选项“隧道结构变形”属于盾构法施工监测中的必测项目。

12. A。本题考核的是给水排水场站构筑物组成。A选项“曝气池”属于污水处理构筑物，B选项“集水池”、C选项“澄清池”、D选项“清水池”属于给水处理构筑物。

13. B。本题考核的是城市新型排水体制。对于新型分流制排水系统，强调雨水的源头分散控制与末端集中控制相结合，减少进入城市管网中的径流量和污染物总量，同时提高城市内涝防治标准和雨水资源化回用率。雨水源头控制利用技术有雨水下渗、净化和收集回用技术，末端集中控制技术包括雨水湿地、塘体及多功能调蓄等。A选项“雨水下渗”、C选项“雨水收集回用”、D选项“雨水净化”属于雨水源头控制利用技术，B选项“雨水湿地”属于末端集中控制技术。

14. B。本题考核的是热力管支、吊架。固定支架承受作用力较为复杂，不仅承受管道、附件、管内介质及保温结构的重量，同时还承受管道因温度、压力的影响而产生的轴向伸缩推力和变形应力，并将作用力传递给支承结构，因此A选项错误。

滑动支架是能使管道与支架结构间自由滑动的支架，其主要承受管道及保温结构的重量和因管道热位移摩擦而产生的水平推力，因此B选项正确。

滚动支架是以滚动摩擦代替滑动摩擦，以减少管道热伸缩时的摩擦力，因此C选项错误。

导向支架的作用是使管道在支架上滑动时不致偏离管轴线，因此D选项错误。

15. A。本题考核的是生活垃圾卫生填埋场应配置的设施。填埋场应配置垃圾坝、防渗系统、地下水与地表水收集导排系统、渗沥液收集导排系统、填埋作业、封场覆盖及生态修复系统、填埋气导排处理与利用系统、安全与环境监测、污水处理系统、臭气控制与处理系统等。

16. C。本题考核的是监控量测主要工作。当基坑工程的监测方案存在变形量接近预警值情况时，需进行专项论证：

（1）邻近重要建筑、设施、管线等破坏后果很严重的基坑工程。

（2）工程地质、水文地质条件复杂的基坑工程。

（3）已发生严重事故，重新组织施工的基坑工程。

（4）采用新技术、新工艺、新材料、新设备的一、二级基坑工程。

（5）其他需要论证的基坑工程。

17. C。本题考核的是增值税的规定。从一般纳税人企业采购材料，取得的增值税专用发票是按照13%计算增值税额；从小规模纳税人企业进行采购，采用简易征收办法，征收率一般为3%。

18. C。本题考核的是聚乙烯（PE）管道连接质量控制。

A选项错误，在固定连接件时，连接件的连接端伸出夹具，伸出的自由长度不应小于公称外径的10%。

B选项错误，热熔对接连接完成后，对接头进行100%卷边对称性和接头对正性检验，应对开挖敷设不少于15%的接头进行卷边切除检验，水平定向钻非开挖施工进行100%接头卷边切除检验。

C选项正确，通电加热焊接的电压或电流、加热时间等焊接参数的设定符合电熔连接熔接设备和电熔管件的使用要求。

D选项错误，电熔连接接头采用自然冷却，在冷却期间，不得拆开夹具，不得移动连接件或在连接件上施加任何外力。

19. D。本题考核的是柔性管道回填要求。

A选项错误，管内径大于800mm的柔性管道，回填施工时应在管内设有竖向支撑。

B选项错误，柔性管道的变形率不得超过设计要求，钢管或球墨铸铁管道变形率应不超过2%、化学建材管道变形率应不超过3%。

C选项错误，回填作业每层的压实遍数，按压实度要求、压实工具、虚铺厚度和土的含水率，经现场试验确定。

D选项正确，管道半径以下回填时应采取防止管道上浮、位移的措施。

20. B。本题考核的是总承包单位配备项目专职安全生产管理人员要求。总承包单位配备项目专职安全生产管理人员应当满足下列要求：

（1）建筑工程、装修工程按照建筑面积配备：①1 万~5 万 m^2 的工程不少于两人。②5 万 m^2 及以上的工程不少于 3 人，且按专业配备专职安全生产管理人员。因此 A 选项正确，B 选项错误。

（2）土木工程、线路管道、设备安装工程按照工程合同价配备：5000 万~1 亿元的工程不少于两人，因此 C 选项正确。

（3）分包单位配备项目专职安全生产管理人员应当满足下列要求：50~200 人的，应当配备两名专职安全生产管理人员，因此 D 选项正确。

二、多项选择题

21. C、D、E；　22. C、D、E；　23. B、C、E；
24. A、C、E；　25. A、B、C、E；　26. B、D；
27. A、B、D、E；　28. A、C、D；　29. B、D、E；
30. A、B、D、E。

【解析】

21. C、D、E。本题考核的是沥青路面常用的基层材料。无机结合料稳定粒料基层属于半刚性基层，包括石灰稳定土类基层、石灰粉煤灰稳定砂砾基层、石灰粉煤灰钢渣稳定土类基层、水泥稳定土类基层等。级配型材料基层包括级配砂砾与级配砾石基层，属于柔性基层，可用作城市次干路及其以下道路基层。

22. C、D、E。本题考核的是再生沥青混合料试验段摊铺完成后检测项目。再生沥青混合料的检测项目有车辙试验动稳定度、残留马歇尔稳定度、冻融劈裂抗拉强度比等，其技术标准参考热拌沥青混合料标准。

23. B、C、E。本题考核的是钢筋直螺纹接头连接。

A 选项错误，钢筋接头应设在受力较小区段，不宜位于构件的最大弯矩处。

B 选项正确，直螺纹钢筋丝头加工时，钢筋端部应采用带锯、砂轮锯或带圆弧形刀片的专用钢筋切断机切平。

C 选项正确，直螺纹接头安装时可用管钳扳手拧紧。

D 选项错误，钢筋丝头应在套筒中央位置相互顶紧。

E 选项正确，直螺纹接头安装后用扭矩扳手校核拧紧扭矩，校核用扭矩扳手每年校核一次。

24. A、C、E。本题考核的是地铁车站土建结构组成。地铁车站通常由车站主体（站台、站厅、设备用房、生活用房），出入口及通道，附属建筑物（通风道、风亭、冷却塔等）三大部分组成。

25. A、B、C、E。本题考核的是超前小导管注浆加固技术要点。

A 选项正确，超前小导管应沿隧道拱部轮廓线外侧设置，根据地层条件可采用单层、双层超前小导管。

B 选项正确，超前小导管具体长度、直径应根据设计要求确定。

C 选项正确，超前小导管的成孔工艺应根据地层条件进行选择，应尽可能减少对地层的扰动。

D 选项错误，超前小导管加固地层时，其注浆浆液应根据地质条件、并经现场试验确定。

E 选项正确，注浆顺序：应由下而上、间隔对称进行；相邻孔位应错开、交叉进行。

26. B、D。本题考核的是装配式预应力混凝土水池现浇壁板缝混凝施工技术。

A 选项错误，壁板接缝的内模宜一次安装到顶。

B 选项正确，接缝的混凝土强度应符合设计规定，设计无要求时，应比壁板混凝土强度提高一级。

C 选项错误，壁板缝混凝土浇筑时间应根据气温和混凝土温度选在壁板间缝宽较大时进行。

D 选项正确，壁板缝混凝土浇筑时，混凝土分层浇筑厚度不宜超过 250mm，并应采用机械振捣，配合人工捣固。

E 选项错误，用于接头或拼缝的混凝土或砂浆，宜采取微膨胀和快速水泥。

27. A、B、D、E。本题考核的是水平定向钻施工要求。

A 选项正确，定向钻施工前必须进行钻孔轨迹设计，并在施工中进行有效监控，应保证铺管的准确性和精度要求。

B 选项正确，第一根钻杆入土钻进时，应采取轻压慢转的方式。

C 选项错误，扩孔的目的是将孔径扩大至能容纳所要铺设的生产管线，孔扩不是越大越好。

D 选项正确，回扩从出土点向入土点进行，回拖应从出土点向入土点连续进行。

E 选项正确，导向钻进、扩孔及回拖时，及时向孔内注入泥浆（液）。泥浆（液）的压力和流量应按施工步骤分别进行控制。

28. A、C、D。本题考核的是给水管道功能性试验。

A 选项正确，压力管道应按相关专业验收规范规定进行压力管道水压试验，试验分为预试验和主试验阶段。

B 选项错误，试验管段所有敞口应封闭，不得有渗漏水现象；开槽施工管道顶部回填高度不应小于 0. 5m，宜留出接口位置以便检查渗漏处。

C 选项正确，水泵、压力计应安装在试验段的两端与管道轴线相垂直的支管上。

D 选项正确，压力管道试验合格的判定依据分为允许压力降值和允许渗水量值，按设计要求确定。

E 选项错误，给水管道必须水压试验合格，并网运行前进行冲洗与消毒，经检验水质达标后，方可允许并网通水投入运行。

29. B、D、E。本题考核的是综合管廊明挖沟槽施工。

A 选项错误，沟槽（基坑）的支撑应遵循“开槽支撑、先撑后挖、分层开挖、严禁超挖”的原则。

B 选项正确，采用明排降水的沟槽（基坑），当边坡土体出现裂缝、沉降失稳等征兆时，必须立即停止开挖，进行加固、削坡等处理。

C 选项错误，混凝土底板和顶板应连续浇筑，不得留施工缝，设计有变形缝时，应按变形缝分仓浇筑。

D 选项正确，管廊顶板上部 1000mm 范围内回填材料应采用人工分层夯实。

E 选项正确，综合管廊回填土压实度应符合设计要求。当设计无要求时，机动车道下综合管廊回填土压实度应不小于 95%。

30. A、B、D、E。本题考核的是安全风险识别。施工过程中的危险和有害因素分为：人的因素、物的因素、环境因素、管理因素。

三、实务操作和案例分析题

（一）

1. A 的名称——水泥混凝土路面板的填缝料；B 的名称——水泥混凝土路面板的拉杆。

2. （1）当水泥混凝土路面板的板边实测弯沉值在 0.20~1.00mm 时，应钻孔注浆处理。

（2）当水泥混凝土路面板的板边实测弯沉值大于 1.00mm 时，应拆除后铺筑混凝土面板。

（3）对于基础脱空采用钻孔注浆处理，注浆后两相邻板间弯沉差宜控制在 0.06mm 以内。

3. 沥青下面层摊铺前应完成的裂缝控制处治措施具体工作内容：凿除裂缝和破碎边缘，清理干净后填充沥青密封膏，然后洒布粘层油和铺设土工织物应力消减层抑制反射裂缝，最后铺新沥青料。

4. 雨期沥青摊铺施工质量控制措施：

（1）料场、搅拌站搭雨棚，施工现场搭罩棚。

（2）掌握天气预报，安排在不下雨时施工。

（3）摊铺时基面应干燥，现场建立奖惩制度，分段集中力量施工。

（4）建排水系统，及时疏通。

（5）如有损坏，及时修复。

（6）缩短施工长度。

（7）加强与拌合站联系、适时调整供料计划，材料运至现场后快卸、快铺、快平，及时摊铺及时完成碾压，留好路拱横坡。

（8）覆盖保温快速运输。

（二）

1. 构件 A 名称——传剪器。

作用：将钢梁和混凝土板形成一个整体结构，主要起连接作用，增强结构的整体刚度和稳定性。

2. 工序 B 的名称——⑦；工序 C 的名称——④；工序 D 的名称——⑥；工序 E 的名

称——③。

3. 本项目桥面板混凝土配合比需考虑的基本要求：缓凝、早强、补偿收缩。

4. 桥面板混凝土浇筑施工的原则：全断面连续浇筑。

浇筑顺序：顺桥向应自跨中开始向支点处交汇，或由一端开始浇筑；横桥向应先由中间开始向两侧扩展。

（三）

1.（1）节点④和节点⑤虚线箭头方向错误，应由节点④指向节点⑤。

（2）排管 1 和排管 2 的施工关系错误，应是排管 1→排管 2。

2. 排管 2 紧前工作为排管 1、挖土 2；排管 2 紧后工作为回填 2、排管 3。

3. 图 3 中的关键线路：①→②→④→⑤→⑥→⑧→⑨→⑩。

计划工期为 13d。

合同工期为 13d，施工计划工期为 13d，能按照合同工期完成该项目。

4. 该雨水管道在回填前需要做严密性试验。

我国有湿陷性黄土、膨胀土、流砂土地区的土质在雨水管道回填前，必须做严密性试验。

（四）

1.（1）构件 A 的名称：钢支托（牛腿）。

（2）施加预应力应在钢支撑的活络头（活动端）。

（3）支撑轴力有损失时，应重新施加预应力到设计值。

（4）附着在 H 型钢上的钢丝绳起的作用：连接支撑与围护结构使整个支护体系更加稳定并且防止钢管撑向下变形。

2. 工序 B 的名称——顶板模板安装；工序 C 的名称——外防水施工；工序 D 的名称——防水保护层施工。

现场需要满足下列条件方可拆除钢管撑：混凝土传力带施工完成且强度达到设计要求，顶板混凝强度达到设计要求。

3. 顶托作用：调整标高。

操作方法：旋转。

验收人员：项目负责人、施工单位项目负责人、项目经理、施工员、专职安全员、质量员、施工班组长。

4. 缺少的部分：横撑立柱、可调顶托、可调底座、斜撑、抛撑、双向剪刀撑、扫地杆（钢管加固）。

5.（1）预埋件采用螺栓固定在模板上，这样才能在混凝土浇筑时不覆盖、不移位。

（2）预留孔洞口钢筋处理方法：按图配筋。

（3）设备吊环应采用光圆钢筋制作。

（五）

1. 补充三项需专家论证的专项施工方案：隧道混凝土模板支撑体系（混凝土模板支撑工程）专项施工方案；地下连续墙钢筋笼吊装专项施工方案；降水工程专项施工方案。

2.（1）外侧选择地下连续墙起止水帷幕作用（隔离地下水）。

（2）内侧选择围护桩，降低工程造价。

（3）两种降水排水措施产生的效果：无水的作业环境。

3. 还可以使用的常用坡脚及护面措施：叠放砂包或土袋；水泥砂浆或细石混凝土抹面；锚杆喷射混凝土护面；塑料膜或土工织物覆盖坡面。

4. 降方工作坡面喷浆不及时发生边坡失稳迹象可采取的措施有：削坡、坡顶卸载、坡脚压载，加强降水排水和地基加固，失稳无法控制土方回填。

5. 补充基坑监测应监测的项目：围护桩及边坡顶部竖向位移、地下连续墙顶部水平位移及竖向位移、立柱竖向位移、地下水位、周边地表竖向位移、周边建筑物竖向位移及倾斜、建筑裂缝、地表裂缝、周边管线竖向沉降等。

2022年度全国一级建造师执业资格考试

《市政公用工程管理与实务》

真题及解析

学习遇到问题？
扫码在线答疑

2022年度《市政公用工程管理与实务》真题

一、单项选择题（共20题，每题1分。每题的备选项中，只有1个最符合题意）

1. 沥青材料在外力作用下发生变形而不被破坏的能力是沥青的（　　）性能。

A. 粘贴性　　B. 感温性

C. 耐久性　　D. 塑性

2. 土工格栅用于路堤加筋时，宜优先选用（　　）且强度高的产品。

A. 变形小、糙度小　　B. 变形小、糙度大

C. 变形大、糙度小　　D. 变形大、糙度大

3. 密级配沥青混凝土混合料复压宜优先选用（　　）进行碾压。

A. 钢轮压路机　　B. 重型轮胎压路机

C. 振动压路机　　D. 双轮钢筒式压路机

4. 用滑模摊铺机摊铺混凝土路面，当混凝土坍落度小时，应采用（　　）的方式摊铺。

A. 高频振动、低速度　　B. 高频振动、高速度

C. 低频振动、低速度　　D. 低频振动、高速度

5. 先张法同时张拉多根预应力筋时，各根预应力筋的（　　）应一致。

A. 长度　　B. 高度位置

C. 初始伸长量　　D. 初始应力

6. 钢板桩施打过程中，应随时检查的指标是（　　）。

A. 施打入土摩阻力　　B. 桩身垂直度

C. 地下水位　　D. 沉桩机的位置

7. 先简支后连续梁的湿接头按设计要求施加预应力时，体系转换的时间是（　　）。

A. 一天中气温较低的时段　　B. 湿接头浇筑完成时

C. 预应力施加完成时　　D. 预应力孔道浆体达到强度时

8. 关于地铁车站施工方法的说法，正确的是（　　）。

A. 盖挖法可有效控制地表沉降，有利于保护邻近建（构）筑物

B. 明挖法具有施工速度快、造价低，对周围环境影响小的优点

C. 采用钻孔灌注桩与钢支撑作为围护结构时，在钢支撑的固定端施加预应力

D. 盖挖顺作法可以使用大型机械挖土和出土

9. 高压旋喷注浆法在（　　）中使用会影响其加固效果。

A. 淤泥质土　　B. 素填土

C. 硬黏性土　　D. 碎石土

10. 下列土质中，适用于预制沉井排水下沉的是（　　）。

A. 流砂　　B. 稳定的黏性土

C. 含大卵石层　　D. 淤泥层

11. 混凝土水池无粘结预应力筋张拉前，池壁混凝土（　　）应满足设计要求。

A. 同条件试块的抗压强度　　B. 同条件试块的抗折强度

C. 标养试块的抗压强度　　D. 标养试块的抗折强度

12. 关于排水管道修复与更新技术的说法，正确的是（　　）。

A. 内衬法施工速度快，断面受损失效小

B. 喷涂法在管道修复长度方面不受限制

C. 胀管法在直管弯管均可使用

D. 破管顶进法可在坚硬地层使用，受地质条件影响小

13. 设置在热力管道的补偿器，阀门两侧只允许管道有轴向移动的支架是（　　）。

A. 导向支架　　B. 悬吊支架

C. 滚动支架　　D. 滑动支架

14. 关于综合管廊廊内管道布置的说法，正确的是（　　）。

A. 天然气管可与热力管道同仓敷设

B. 热力管道可与电力电缆同仓敷设

C. 110kV 及以上电力电缆不应与通信电缆同侧布置

D. 给水管道进出综合管廊时，阀门应在廊内布设

15. 关于膨润土防水毯施工的说法，正确的是（　　）。

A. 防水毯沿坡面铺设时，应在坡顶处预留一定余量

B. 防水毯应以品字形分布，不得出现十字搭接

C. 铺设遇管道时，应在防水毯上剪裁直径大于管道的孔洞套入

D. 防水毯如有撕裂，必须撒布膨润土粉状密封剂加以修复

16. 在数字水准仪观测的主要技术要求中，四等水准观测顺序应为（　　）。

A. 后→前→前→后　　B. 前→后→后→前

C. 后→后→前→前　　D. 前→前→后→后

17. 承包人应在索赔事件发生（　　）d 内，向（　　）发出索赔意向通知。

A. 14　监理工程师　　B. 28　建设单位

C. 28　监理工程师　　D. 14　建设单位

18. 大体积混凝土表层布设钢筋网的作用是（　　）。

A. 提高混凝土抗压强度　　B. 防止混凝土出现沉陷裂缝

C. 控制混凝土内外温差　　D. 防止混凝土收缩干裂

19. 关于箱涵顶进安全措施的说法，错误的是（　　）。

A. 顶进作业区应做好排水措施，不得积水

B. 列车通过时，不得停止顶进挖土

C. 实行封闭管理，严禁非施工人员入内

D. 顶进过程中，任何人不得在顶铁、顶柱布置区内停留

20. 由总监理工程师组织施工单位项目负责人和项目技术、质量负责人进行验收的项目是（　　）。

A. 检验批　　B. 分项工程

C. 分部工程　　D. 单位工程

二、多项选择题（共10题，每题2分。每题的备选项中，有2个或2个以上符合题意，至少有1个错项。错选，本题不得分；少选，所选的每个选项得0.5分）

21. 行车荷载和自然因素对路面结构的影响随着深度增加而逐渐减弱，因而对路面材料的（　　）要求也随深度的增加而逐渐降低。

A. 强度　　B. 刚度

C. 含水率　　D. 粒径

E. 稳定性

22. 主要依靠底板上的填土重量维持挡土构筑物稳定的挡土墙有（　　）。

A. 重力式挡土墙　　B. 悬臂式挡土墙

C. 扶壁式挡土墙　　D. 锚杆式挡土墙

E. 加筋土挡土墙

23. 城市桥梁防水排水系统的功能包括（　　）。

A. 迅速排除桥面积水　　B. 使渗水的可能性降至最低

C. 减少结构裂缝的出现　　D. 保证结构上无漏水现象

E. 提高桥面铺装层的强度

24. 关于重力式混凝土墩台施工的说法，正确的有（　　）。

A. 基础混凝土顶面涂界面剂时，不得做凿毛处理

B. 宜水平分层浇筑

C. 分块浇筑时接缝应与截面尺寸长边平行

D. 上下层分块接缝应在同一竖直线上

E. 接缝宜做成企口形式

25. 关于盾构接收的说法，正确的有（　　）。

A. 盾构接收前洞口段土体质量应检查合格

B. 盾构到达工作井10m内，对盾构姿态进行测量调整

C. 盾构到达工作井时，最后10~15环管片拉紧，使管片环缝挤压密实

D. 主机进入工作井后，及时对管片环与洞门间隙进行密封

E. 盾构姿态仪根据洞门位置复核结果进行调整

26. 关于盾构壁后注浆的说法，正确的有（　　）。

A. 同步注浆可填充盾尾空隙

B. 同步注浆通过管片的吊装孔对管片背后注浆

C. 二次注浆对隧道周围土体起加固止水作用

D. 二次注浆通过注浆系统及盾尾内置注浆管注浆

E. 在富水地区若前期注浆效果受影响时，在二次注浆结束后进行堵水注浆

27. 给水处理工艺流程的混凝沉淀是为了去除水中的（　　）。

A. 颗粒杂质　　B. 悬浮物
C. 病菌　　D. 金属离子
E. 胶体

28. 关于热力管道阀门安装要求的说法，正确的有（　　）。
A. 阀门吊装搬运时，钢丝绳应拴在法兰处
B. 阀门与管道以螺纹方式连接时，阀门必须打开
C. 阀门与管道以焊接方式连接时，阀门必须关闭
D. 水平安装闸阀时，阀杆应处于上半周范围内
E. 承插式阀门应在承插端头留有 1.5mm 的间隙

29. 关于穿越铁路的燃气管道套管的说法，正确的有（　　）。
A. 套管的顶部埋深距铁路路肩不得小于 1.5m
B. 套管宜采用钢管或钢筋混凝土管
C. 套管内径应比燃气管外径大 100mm 以上
D. 套管两端与燃气管的间隙均应采用柔性的防腐、防水材料密封
E. 套管端部距路堤坡脚处距离不应小于 2.0m

30. 水下混凝土灌注导管在安装使用时，应检查的项目有（　　）。
A. 导管厚度　　B. 水密承压试验
C. 气密承压试验　　D. 接头抗拉试验
E. 接头抗压试验

三、实务操作和案例分析题（共 5 题，（一）、（二）、（三）题各 20 分，（四）、（五）题各 30 分）

（一）

背景资料：

某公司承建一项城市主干道改建扩建工程，全长 3.9km，建设内容包括：道路工程、排水工程、杆线入地工程等。道路工程将既有 28m 的路幅主干道向两侧各拓宽 13.5m，建成 55m 路幅的城市中心大道，路幅分配情况如图 1 所示。

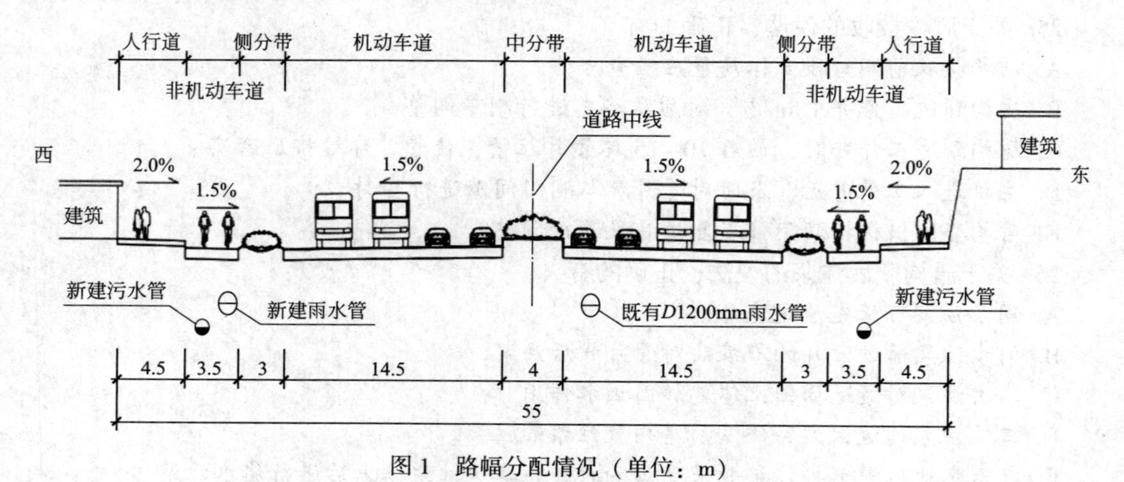

图 1　路幅分配情况（单位：m）

排水工程将既有车行道下 D1200mm 的合流管作为雨水管，西侧非机动车道下新建一条 D1200mm 的雨水管，两侧非机动车道下各新建一条 D400mm 的污水管，并新建接户支管及接户井，将周边原接入既有合流管的污水就近接入，实现雨污分流。杆线入地工程将既有架空电力线缆及通信电杆进行杆线入地，敷设在地下相应的管位。

工程进行中发生如下一系列事件：

事件 1：道路开挖时在桩号 K1+350 路面下深-0.5m 处发现一处横穿道路的燃气管道，项目部施工时对燃气管采取了保护措施。

事件 2：将用户支管接入到新建接户井时，项目部安排的作业人员缺少施工经验，打开既有污水井的井盖稍作散味处理就下井作业，致使下井的一名工人在井内当场昏倒，被救上时已无呼吸。

事件 3：桩号 K0+500~K0+950 东侧为路堑，由于坡上部分房屋拆迁难度大，设计采用重力式挡墙进行边坡垂直支护，减少征地拆迁。

问题：

1. 写出市政工程改扩建时设计单位一般会将电力线缆、通信电缆敷设的安全位置；明确西侧雨水管线、污水管线施工应遵循的原则。

2. 写出事件 1 中燃气管道的最小覆土厚度；写出开挖及回填碾压时对燃气管道采取的保护措施。

3. 写出事件 2 中下井作业前需办理的相关手续及采取的安全措施。

4. 事件 3 中重力式挡墙的结构特点有哪些？

（二）

背景资料：

某公司承建一项市政管沟工程，其中穿越城镇既有道路的长度为75m，采用ϕ2000mm泥水平衡机械顶管施工。道路两侧设顶管工作井、接收井各一座，结构尺寸如图2所示，两座井均采用沉井法施工，开挖前采用管井降水。设计要求沉井分节制作、分次下沉，每节高度不超过6m。

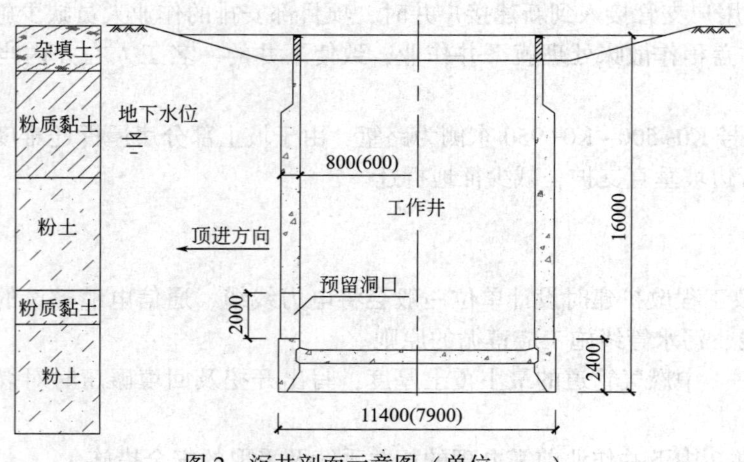

图2　沉井剖面示意图（单位：mm）

（注：括号内数字为接收井尺寸）

项目部编制的沉井施工方案如下：

（1）测量定位后，在刃脚部位铺设砂垫层，铺垫木后进行刃脚部位钢筋绑扎、模板安装、浇筑混凝土。

（2）刃脚部位施工完成后，每节沉井按照满堂支架→钢筋制作安装→A→B→C→内外支架加固→浇筑混凝土的工艺流程进行施工。

（3）每节沉井混凝土强度达到设计要求后，拆除模板，挖土下沉。沉井分次下沉至设计标高后进行干封底作业。

问题：

1. 沉井分几次制作（含刃脚部分）？写出施工方案（2）中A、B、C代表的工序名称。

2. 写出沉井混凝土浇筑原则及应该重点振捣的部位。

3. 施工方案（3）中，封底前对刃脚部位如何处理？底板浇筑完成后，混凝土强度应满足什么条件方可封堵泄水井？

4. 写出支架搭设需配备的工程机械名称；支架搭设人员应具备什么条件方可作业？

（三）

背景资料：

某项目部在10月中旬中标南方某城市道路改造二期工程，合同工期3个月，合同工程量为：道路改造部分长300m、宽45m，既有水泥混凝土路面加铺沥青混凝土面层与一期路面顺接。新建污水系统*DN*500mm、埋深4.8m，旧路部分开槽埋管施工，穿越一期平交道口部分采用不开槽施工，该段长90m，接入一期预留的污水接收井，如图3所示。

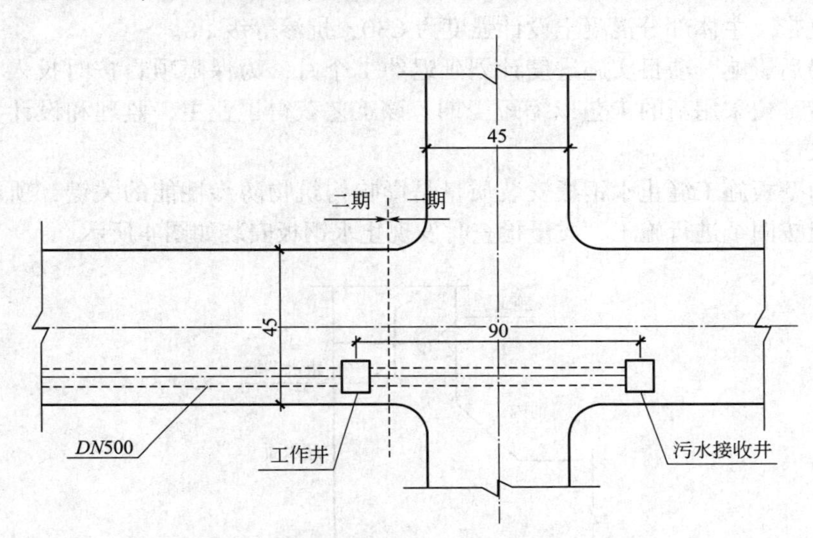

图3　二期污水管道穿越一期平交道口示意图（单位：m）

项目部根据现场情况编制了相应的施工方案：

（1）道路改造部分：对既有水泥混凝土路面进行充分调查后，作出以下结论：①对有破损、脱空的既有水泥混凝土路面，全部挖除，重新浇筑；②新建污水管线采用开挖埋管。

（2）不开槽污水管施工部分：设一座工作井，工作井采用明挖法施工，将一期预留的接收井打开做好接收准备工作。

该方案报监理工程师审批没能通过被退回，要求修改后再上报，项目部认真研究后发现以下问题：

（1）既有水泥混凝土路面的破损、脱空部位不应全部挖除，应先进行维修。

（2）施工方案中缺少既有水泥混凝土路面作为道路基层加铺沥青混凝土具体做法。

（3）施工方案中缺少工作井位置选址及专项方案。

问题：

1. 对已确定的破损、脱空部位进行基底处理的方法有几种，分别是什么方法？
2. 对旧水泥混凝土路面进行调查时，采用何种手段查明路基的相关情况？
3. 既有水泥混凝土路面作为道路基层加铺沥青混凝土前，哪些构筑物的高程需做调整？
4. 工作井位置应按什么要求选定？

（四）

背景资料：

某公司承建一项污水处理厂工程，水处理构筑物为地下结构，底板最大埋深 12m，富水地层设计要求管井降水并严格控制基坑内外水位标高变化。基坑周边有需要保护的建筑物和管线。项目部进场开始了水泥土搅拌桩止水帷幕和钻孔灌注桩围护的施工。主体结构部分按方案要求对沉淀池、生物反应池、清水池采用单元组合式混凝土结构分块浇筑工法，块间留设后浇带。主体部分混凝土设计强度为 C30，抗渗等级 P8。

受拆迁滞后影响，项目实施进度计划延迟约 1 个月，为保障项目按时投入使用，项目部提出后浇带部位采用新的工艺以缩短工期，该工艺获得了业主、监理和设计方批准并取得设计变更文件。

底板倒角壁板施工缝止水钢板安装质量是影响构筑物防渗性能的关键，项目部施工员要求施工班组按图纸进行施工，质量检查时发现止水钢板安装如图 4 所示。

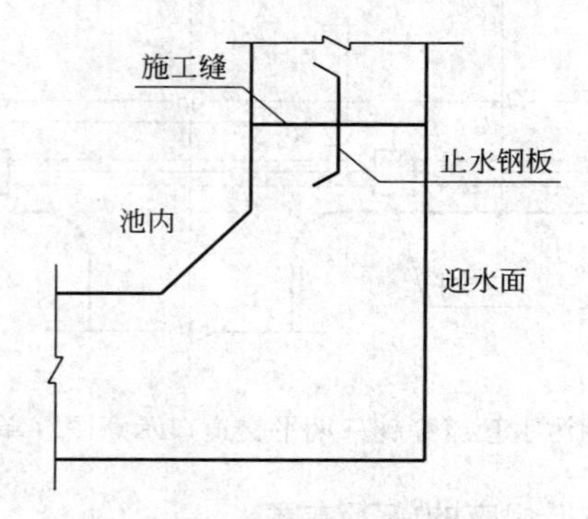

图 4　质检中提供的图

混凝土浇筑正处于夏季高温，为保证混凝土浇筑质量，项目部提前与商品混凝土搅拌站进行沟通，对混凝土配合比、外加剂进行了优化调整。项目部针对高温时现场混凝土浇筑也制定了相应措施。

在项目部编制的降水方案中，将降水抽排的地下水回收利用，做了如下安排：一是用于现场扬尘控制，进行路面洒水降尘；二是用于场内绿化浇灌和卫生间冲洗。另有富余水量做了溢流措施排入市政雨水管网。

问题：

1. 写出保证工期、质量的后浇带部位工艺名称与该部位的混凝土强度。

2. 指出图 4 中的错误之处；写出可与止水钢板组合应用的提升施工缝防水质量的止水措施。

3. 写出高温时混凝土浇筑应采取的措施。

4. 该项目降水后基坑外是否需要回灌？说明理由。

5. 补充项目部降水回收利用的用途。

6. 完善降水排放的手续和措施。

（五）

背景资料：

某公司承建一座城市桥梁工程，双向六车道，桥面宽度 36.5m。主桥设计为 T 形刚构，跨径组合为 50m+100m+50m；上部结构采用 C50 预应力混凝土现浇箱梁；下部结构采用实体式钢筋混凝土墩台，基础采用 ϕ200cm 钢筋混凝土钻孔灌注桩。桥梁立面构造如图 5 所示。

项目部编制的施工组织设计有如下内容：（1）上部结构采用搭设满堂式钢支架施工方案。（2）将上部结构箱梁划分为①、②、③、④、⑤五种节段，⑤节段为合龙段，长度 2m；确定了施工顺序。桥梁立面构造及上部结构箱梁节段划分如图 5 所示。

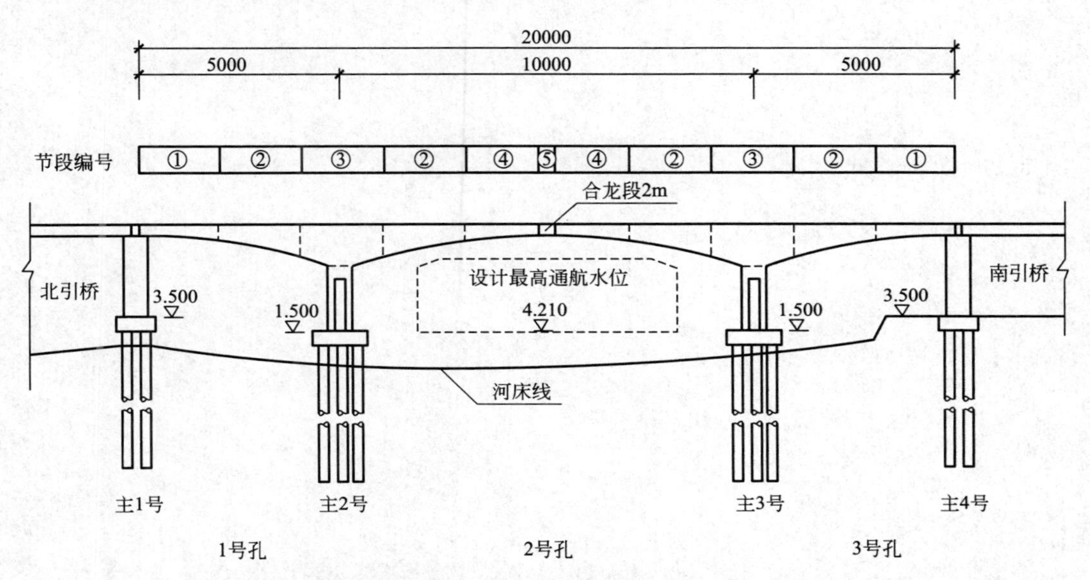

图 5　桥梁立面构造及上部结构箱梁节段划分示意图（标高单位：m；尺寸单位：cm）

施工过程中发生如下事件：

事件 1：施工前，项目部派专人联系相关行政主管部门办理施工占用审批许可。

事件 2：施工过程中，受主河道水深的影响及通航需求，项目部取消了原施工组织设计中上部结构箱梁②、④、⑤节段的满堂式钢支架施工方案，重新变更了施工方案，并重新组织召开专项施工方案专家论证会。

事件 3：施工期间，河道通航不中断。箱梁施工时，为防止高空作业对桥下通航的影响，项目部按照施工安全管理相关规定，在高空作业平台上采取了安全防护措施。

事件 4：合龙段施工前，项目部在箱梁④节段的悬臂端预加压重，并在浇筑混凝土过程中逐步撤除。

问题：

1. 指出事件 1 中“相关行政主管部门”有哪些？

2. 事件 2 中，写出施工方案变更后的上部结构箱梁的施工顺序（用图中的编号①~⑤及→表示）。

3. 事件2中，指出施工方案变更后上部结构箱梁适宜的施工方法。

4. 上部结构施工时，哪些危险性较大的分部分项工程需要组织专家论证？

5. 事件3中，分别指出箱梁施工时高空作业平台及作业人员应采取哪些安全防护措施？

6. 指出事件4中预加压重的作用。

2022年度真题参考答案及解析

一、单项选择题

1. D；	2. B；	3. B；	4. A；	5. D；
6. B；	7. D；	8. A；	9. C；	10. B；
11. A；	12. D；	13. A；	14. C；	15. B；
16. C；	17. C；	18. D；	19. B；	20. C。

【解析】

1. D。本题考核的是沥青的主要技术性能。沥青的主要技术性能在2021年、2022年考试中考查了单选题，因此考生要将沥青五个主要技术性能的定义、内容牢记。沥青材料的主要性能中，粘结性反映抗变形能力，沥青感温性的表征特征是软化点，耐久性反映抗老化能力，塑性反映抗开裂能力，但是本题考查塑性性能的定义，塑性指的是沥青材料在外力作用下发生变形而不被破坏的能力。

2. B。本题考核的是土工合成材料的应用。土工格栅、土工织物、土工网等土工合成材料均可用于路堤加筋，其中土工格栅宜选择强度高、变形小、糙度大的产品。

3. B。本题考核的是沥青混合料面层压实成型。

密级配沥青混凝土混合料复压宜优先采用重型轮胎压路机进行碾压，以增加密实性，其总质量不宜小于25t，因此选项B符合题意。

对粗集料为主的混合料，宜优先采用振动压路机复压，因此不选C。层厚较大时宜采用高频大振幅，厚度较薄时宜采用低振幅。

沥青混合料面层初压应采用钢轮压路机静压1~2遍，因此不选A。

沥青混合料面层终压应紧接在复压后进行，宜选用双轮钢筒式压路机，因此不选D。

4. A。本题考核的是混凝土面板施工。混凝土坍落度小则混凝土稠，需要加强振动，应用高频振动、低速度摊铺；混凝土坍落度大则混凝土稀，应用低频振动、高速度摊铺。

5. D。本题考核的是先张法预应力施工。先张法中多根预应力筋都锚固在同一活动横梁上面，故张拉应力是一致的，因此本题选D。

6. B。本题考核的是钢板桩围堰施工要求。钢板桩施打过程检查指标中，选项D首先排除，因为在施打前已经定位了，地下水位对钢板桩施工无影响，摩擦力对于施打难度有影响但不影响钢板桩质量，因此选项A、C均不选。在施打过程中，应随时检查钢板桩的位置是否正确，桩身是否垂直，否则应立即纠正或拔出重打，因此应随时检查的指标是选项B。

7. D。本题考核的是先简支后连续梁的安装。先简支后连续梁安装时，湿接头应按设计要求施加预应力，之后孔道压浆；浆体达到强度后应立即拆除临时支座，按设计规定的程序完成体系转换。

8. A。本题考核的是地铁车站形式与结构组成。

选项A正确，盖挖法能够有效控制周围土体的变形和地表沉降，有利于保护邻近建筑物和构筑物。

选项 B 的错误之处是“对周围环境影响小”，正确的是“对周围环境影响较大”。

选项 D 的错误之处是“可以使用大型机械挖土和出土”，正确的是“无法使用大型机械，需采用特殊的小型、高效机具”。

选项 C 的正确的表述是：常用的钢管支撑一端为活络头，采用千斤顶在该侧施加预应力。

9. C。本题考核的是地基加固处理方法中的高压喷射注浆法。对于选项 A 淤泥质土、选项 D 碎石土、选项 B 素填土等地基，采取高压喷射注浆法进行加固都会取得良好的处理效果。对于选项 C 硬黏性土地基，含有较多的块石或大量植物根茎的地基，因喷射流可能受到阻挡或削弱，冲击破碎力急剧下降，切削范围小或影响处理效果，因此选项 C 符合题意要求。

10. B。本题考核的是预制沉井排水下沉施工方法的适用范围。排水下沉干式沉井方法是预制沉井法的施工方法之一，适用于渗水量不大，稳定的黏性土，因此选项 B 正确。流砂地层排水后不稳定，把水排掉后，会发生坑底隆起。卵石层排水，水在地层中流速比较大，降水的同时，周边的水会很快补给过来。淤泥层降水效率太低。

11. A。本题考核的是现浇（预应力）混凝土水池无粘结预应力张拉。无粘结预应力筋张拉时，混凝土同条件立方体抗压强度应满足设计要求。

12. D。本题考核的是排水管道修复与更新技术。

内衬法施工简单、速度快、可适应大曲率半径的弯管，但存在管道断面受损失较大的缺点，因此选项 A 错误。

喷涂法适用于管径为 75~4500mm、管线长度在 150m 以内的各种管道的修复，因此选项 B 错误。

破管外挤也称爆管法或胀管法，该管道更新方法的缺点是不适合弯管的更换，因此选项 C 错误。

如果管道处于较坚硬的土层，旧管破碎后外挤存在困难。此时管道更新可以考虑使用破管顶进法；该法基本不受地质条件限制，因此选项 D 正确。

13. A。本题考核的是供热管网附件补偿器安装要点。本考点内容在 2010 年、2013 年、2015 年、2022 年的考试中，均考查了选择题，考生要将其相关要点牢记。本题中，在靠近补偿器的两端，应设置导向支架，保证运行时管道沿轴线自由伸缩。

14. C。本题考核的是综合管廊内的管道布置。

选项 A 的错误之处是“可与热力管道同仓敷设”，正确的是“应在独立舱室内敷设”。

选项 B 的错误之处是“可与电力电缆同仓敷设”，正确的是“不应与电力电缆同仓敷设”。

选项 D 的错误之处是“给水管道”，正确的是“压力管道进出综合管廊时，应在综合管廊外部设置阀门”。

15. B。本题考核的是膨润土防水毯施工。

当边坡铺设膨润土防水毯时，坡顶处材料应埋入锚固沟锚固，因此选项 A 错误。

膨润土防水毯应以品字形分布，不得出现十字搭接，因此选项 B 正确。

膨润土防水毯在管道或构筑立柱等特殊部位施工，可首先裁切以管道直径加 500mm 为边长的方块，再在其中心裁剪直径与管道直径等同的孔洞，修理边缘后使之紧密套在管道上，因此选项C错误。

膨润土防水毯如有撕裂等损伤应全部更换，因此选项D错误。

16. C。本题考核的是光学水准仪观测的主要技术要求。二等光学水准测量观测顺序，往测时，奇数站应为后→前→前→后，偶数站应为前→后→后→前，返测时，奇数站应为前→后→后→前，偶数站应为后→前→前→后。因此排除选项A、B。三等光学水准测量观测顺序应为后→前→前→后。四等光学水准测量观测顺序后→后→前→前，因此选项C正确。选项D描述的观测顺序教材内容没有提及。

17. C。本题考核的是承包人索赔的程序。承包人索赔的程序中，提出索赔意向通知时，索赔事件发生28d内，向监理工程师发出索赔意向通知。以后考试中这种常规考点越来越少。

18. D。本题考核的是大体积混凝土裂缝发生原因。在设计上，混凝土表层布设抗裂钢筋网片，可有效地防止混凝土收缩时产生干裂。

19. B。本题考核的是箱涵顶进安全措施。选项B错误比较明显：列车通过时，严禁挖土作业。本题中其余选项均正确。

20. C。本题考核的是工程竣工验收程序。检验批及分项工程应由专业监理工程师组织施工单位项目专业质量（技术）负责人等进行验收。单位工程由建设单位（项目）负责人组织施工（含分包单位）、设计、勘察、监理等单位（项目）负责人进行验收。分部（子分部）工程应由总监理工程师组织施工单位项目负责人和项目技术、质量负责人等进行验收，因此选项C正确。

二、多项选择题

21. A、B、E；
22. B、C；
23. A、B、D；
24. B、E；
25. A、C、D；
26. A、C、E；
27. B、E；
28. A、D、E；
29. B、C、D、E；
30. A、B、D。

【解析】

21. A、B、E。本题考核的是路面结构组成基本原则。行车载荷和自然因素对路面结构的影响随深度的增加而逐渐减弱，因而对路面材料的强度、刚度和稳定性的要求也随深度的增加而逐渐降低。

22. B、C。本题考核的是不同形式挡土墙的结构特点。

重力式挡土墙依靠墙体的自重抵抗墙后土体的侧向推力（土压力），以维持土体稳定，因此选项A不符合要求。

悬臂式挡土墙、扶壁式挡土墙，均依靠底板上的填土重量维持挡土构筑物的稳定，因此选项B、C满足题意要求。

锚杆式挡土墙依靠固定在岩石或可靠地基上的锚杆维持稳定的挡土建筑物，因此选项D不符合要求。

加筋土挡土墙依靠墙后布置的土工合成材料减少土压力以维持稳定的挡土建筑物，因此选项E不符合要求。

23. A、B、D。本题考核的是城市桥梁防水排水系统的功能。桥梁排水防水系统应能迅速排除桥面积水，并使渗水的可能性降至最小限度。城市桥梁排水系统应保证桥下无滴水和结构上无漏水现象。

24. B、E。本题考核的是重力式混凝土墩台施工。

选项A错误，正确的表述是：墩台混凝土浇筑前应对基础混凝土顶面做凿毛处理。

选项C的错误之处是“长边平行”，正确的是“较短的一边平行”。

选项D的错误之处是“在同一竖直线”，正确的是“错开”。

25. A、C、D。本题考核的是盾构接收施工技术要点。

选项B中的错误之处是“10m内”，正确的是“100m”。

选项E错误，正确的表述是：在盾构贯通之前100m、50m处分两次对盾构姿态进行人工复核测量，接收洞门位置及轮廓复核测量，根据前两项复测结果确定盾构姿态控制方案并进行盾构姿态调整。

26. A、C、E。本题考核的是盾构掘进的壁后注浆。

同步注浆与盾构掘进同时进行，是通过同步注浆系统，在盾构向前推进盾尾空隙形成的同时进行，浆液在盾尾空隙形成的瞬间及时起到充填作用，因此选项A正确。

管片背后二次补强注浆则是在同步注浆结束以后，通过管片的吊装孔对管片背后进行补强注浆，因此选项B、D错误。

二次注浆对隧道周围土体起到加固和止水的作用，因此选项C正确。

在富水地区考虑前期注浆受地下水影响以及浆液固结率的影响，必须同时在二次注浆结束后进行堵水注浆，因此选项E正确。

27. B、E。本题考核的是常用的给水处理方法。本考点在2014年、2022年均以多选题的形式进行了考查，考生需理解记忆。

自然沉淀用以去除水中粗大颗粒杂质，因此选项A不选。

常用的给水处理方法中，混凝沉淀能使用混凝药剂沉淀或澄清去除水中胶体和悬浮杂质等，因此本题选B、E。

消毒可以去除水中病毒和细菌，因此选项C不选。

除铁除锰可以去除地下水中所含过量的铁和锰，因此选项D不选。

28. A、D、E。本题考核的是阀门安装要点。

选项B错在“打开”二字，正确的是“关闭”。

选项C错在“关闭”二字，正确的是“打开”。

29. B、C、D、E。本题考核的是穿越铁路的燃气管道套管。选项A错在“1.5m”，正确的是“1.7m”。本题中其余选项均正确。

30. A、B、D。本题考核的是水下混凝土灌注导管在安装使用时应检查的项目。灌注导管在安装前应检查项目主要有灌注导管是否存在孔洞和裂缝、接头是否密封、厚度是否合格。灌注导管使用前应进行水密承压和接头抗拉试验，严禁用气压。综上所述，本题选A、B、D。

三、实务操作和案例分析题

（一）

1.（1）市政工程改扩建时，设计单位一般会将电力线缆、通信电缆的敷设位置安排在人行道下专用线缆管沟内或中分带等便于施工和维护的地方。

（2）西侧雨水管线、污水管线施工遵循原则：先深后浅。

2.（1）事件1中燃气管道的最小覆土厚度：0.9m。

（2）开挖时的保护措施：悬吊（或支撑）保护；碾压时的保护措施：包封（或套管）。

3.（1）事件2中下井作业前需办理的相关手续：办理有限空间安全作业审批手续。

（2）采取的安全措施：检查井盖打开一段时间通风，再使用气体监测装置检测气体（有害气体及氧气含量），井周边设反光锥筒。工人培训上岗，井上安排专人看护。

4. 事件3中重力式挡墙的结构特点有：

（1）依靠墙体自重抵挡土压力作用。

（2）形式简单，就地取材，施工简便。

（二）

1.（1）该沉井工程需分4次施工。

（2）A工序名称——内模安装；B工序名称——穿对拉螺栓；C工序名称——外模安装。

2.（1）混凝土浇筑的顺序：对称、均匀、水平连续、分层浇筑。

（2）重点振捣的部位：预留洞口、施工缝、预埋件。

3.（1）沉井下沉到标高后，刃脚处应做的处理：在沉井封底前使用大块石将刃脚下垫实，防止继续下沉。

（2）底板混凝土强度达到设计强度并且满足抗浮要求方可填封泄水孔。

4.（1）支架搭设需要的工程机械：汽车起重机。

（2）搭设人员应具有特殊工种操作证；经过安全技术交底。

（三）

1.（1）对已确定的破损、脱空部位进行基底处理的方法有两种。

（2）分别是：开挖式基底处理（挖除破损位置后换填基底材料）、非开挖式基底处理（在脱空部位钻孔注浆填充孔洞）。

2. 对旧水泥混凝土路面进行调查时，采用地质雷达、弯沉或取芯检测等手段查明路基的相关情况。

3. 既有水泥混凝土路面作为道路基层加铺沥青混凝土前，下列构筑物的高程需做调整：检查井、雨水口、平侧石高程调整。

4. 工作井位置应按下列要求选定：有设计按设计要求、环境要求，无设计应满足施工安全要求。

（四）

1. 连续式膨胀加强带满足后浇带要求的同时与两侧混凝土同时浇筑以缩短工期。

高出后浇带两侧（主体结构）混凝土一个等级，主体结构混凝土强度等级为C30，则膨胀加强带混凝土强度等级为C35。

2.（1）错误之处：止水钢板安装方向错误，止水钢板开口应朝向迎水方向设置。

（2）施工缝止水措施：加设遇水膨胀止水条、预埋注浆管。

3. 高温时混凝土浇筑应采取的措施：

（1）在当天温度较低时进行浇筑施工或采用夜间施工。

（2）控制混凝土的入模温度。

（3）地基、模板和泵送管洒水降温。

4. 该项目降水后基坑外需要回灌。

理由：（1）回灌防止沉降过大。

（2）基坑周边有需要保护的建筑物和管线，且地下水位降幅较大。

5. 项目部降水回收利用的用途：混凝土洒水养护、洗车池用水、消防、水池抗浮备用水等。

6.（1）降水排放的手续：施工降水通过城市排水管网排放前须经排水主管部门批准。

（2）降水排放措施：设置沉淀池和计量表。

（五）

1. 事件 1 中相关行政主管部门有：航道管理部门、河道管理部门、市政行政主管部门、海事行政主管部门。

2. 施工方案变更后的上部结构箱梁的施工顺序：③→②→①→④→⑤。

3. 施工方案变更后上部结构箱梁适宜的施工方法：悬臂浇筑（或称挂篮法施工）。

4. 上部结构施工时，下列危险性较大的分部分项工程需要组织专家论证：盘扣支架（或承重支撑体系）、挂篮。

5.（1）箱梁施工时高空作业平台安全防护措施：

① 平台上的脚手板必须在脚手架的宽度范围内铺满、铺稳。

② 临边位置设置护栏并且栏底部封闭，设置警示标志、指示灯、夜间警示灯。

③ 平台下应设置水平安全网或脚手架防护层，防止高空物体坠落造成伤害。

④ 河道中的平台支架设防冲撞装置和限高限宽门架，支架四周设置安全网和救生圈。

（2）箱梁施工时高空作业人员安全防护措施：系安全绳、穿防滑鞋、防滑手套和救生衣、戴安全帽，并定期体检。

6. 预加压重的作用：使合龙混凝土浇筑过程中，悬臂端挠度保持稳定。

2021 年度全国一级建造师执业资格考试

《市政公用工程管理与实务》

真题及解析

学习遇到问题？
扫码在线答疑

2021 年度《市政公用工程管理与实务》真题

一、单项选择题（共 20 题，每题 1 分。每题的备选项中，只有 1 个最符合题意）

1. 下列索赔项目中，只能申请工期索赔的是（　　）。

A. 工程施工项目增加

B. 征地拆迁滞后

C. 投标图纸中未提及的软基处理

D. 开工前图纸延期发出

2. 关于水泥混凝土面层原材料使用的说法，正确的是（　　）。

A. 主干路可采用 32.5 级的硅酸盐水泥

B. 重交通以上等级道路可采用矿渣水泥

C. 碎砾石的最大公称粒径不应大于 26.5mm

D. 宜采用细度模数 2.0 以下的砂

3. 下列因素中，可导致大体积混凝土现浇结构产生沉陷裂缝的是（　　）。

A. 水泥水化热

B. 外界气温变化

C. 支架基础变形

D. 混凝土收缩

4. 水平定向钻第一根钻杆入土钻进时，应采取（　　）方式。

A. 轻压慢转

B. 中压慢转

C. 轻压快转

D. 中压快转

5. 重载交通、停车场等行车速度慢的路段，宜选用（　　）的沥青。

A. 针入度大，软化点高

B. 针入度小，软化点高

C. 针入度大，软化点低

D. 针入度小，软化点低

6. 盾构壁后注浆分为（　　）、二次注浆和堵水注浆。

A. 喷粉注浆

B. 深孔注浆

C. 同步注浆

D. 渗透注浆

7. 在供热管道系统中，利用管道位移来吸收热伸长的补偿器是（　　）。

A. 自然补偿器

B. 套筒式补偿器

C. 波纹管补偿器

D. 方形补偿器

8. 下列盾构施工监测项目中，属于必测的项目是（　　）。

A. 土体深层水平位移

B. 衬砌环内力

C. 地层与管片的接触应力

D. 隧道结构变形

9. 在软土基坑地基加固方式中，基坑面积较大时宜采用（　　）。

A. 墩式加固

B. 裙边加固

C. 抽条加固

D. 格栅式加固

10. 城市新型分流制排水体系中，雨水源头控制利用技术有（　　）、净化和收集回用。

A. 雨水下渗

B. 雨水湿地

C. 雨水入塘

D. 雨水调蓄

11. 关于预应力混凝土水池无粘结预应力筋布置安装的说法，正确的是（　　）。

A. 应在浇筑混凝土过程中，逐步安装、放置无粘结预应力筋

B. 相邻两环无粘结预应力筋锚固位置应对齐

C. 设计无要求时，张拉段长度不超过50m，且锚固肋数量为双数

D. 无粘结预应力筋中的接头采用对焊焊接

12. 利用立柱、挡板挡土，依靠填土本身、拉杆及固定在可靠地基上的锚锭块维持整体稳定的挡土建筑物是（　　）。

A. 扶壁式挡土墙

B. 带卸荷板的柱板式挡土墙

C. 锚杆式挡土墙

D. 自立式挡土墙

13. 液性指数 $I_L=0.8$ 的土，软硬状态是（　　）。

A. 坚硬　　B. 硬塑

C. 软塑　　D. 流塑

14. 污水处理厂试运行程序有：①单机试车；②设备机组空载试运行；③设备机组充水试验；④设备机组自动开停机试运行；⑤设备机组负荷试运行。正确的试运行流程是（　　）。

A. ①→②→③→④→⑤

B. ①→②→③→⑤→④

C. ①→③→②→④→⑤

D. ①→③→②→⑤→④

15. 关于燃气管网附属设备安装要求的说法，正确的是（　　）。

A. 阀门手轮安装向下，便于启阀

B. 可以用补偿器变形调整管位的安装误差

C. 凝水缸和放散管应设在管道高处

D. 燃气管道的地下阀门宜设置阀门井

16. 由甲方采购的 HDPE 膜材料质量抽样检验，应由（　　）双方在现场抽样检查。

A. 供货单位和建设单位

B. 施工单位和建设单位

C. 供货单位和施工单位

D. 施工单位和设计单位

17. 关于隧道施工测量的说法，错误的是（　　）。

A. 应先建立地面平面和高程控制网

B. 矿山法施工时，在开挖掌子面上标出拱顶、边墙和起拱线位置

C. 盾构机掘进过程应进行定期姿态测量

D. 有相向施工段时需有贯通测量设计

18. 现浇混凝土箱梁支架设计时，计算强度及验算刚度均应使用的荷载是（　　）。

A. 混凝土箱梁的自重

B. 施工材料机具的荷载

C. 振捣混凝土时的荷载

D. 倾倒混凝土时的水平向冲击荷载

19. 钢管混凝土内的混凝土应饱满，其质量检测应以（　　）为主。

A. 人工敲击

B. 超声检测

C. 射线检测

D. 电火花检测

20. 在工程量清单计价的有关规定中，可以作为竞争性费用的是（　　）。

A. 安全文明施工费

B. 规费和税金

C. 冬雨期施工措施费

D. 防止扬尘污染费

二、多项选择题（共10题，每题2分。每题的备选项中，有2个或2个以上符合题意，至少有1个错项。错选，本题不得分；少选，所选的每个选项得0.5分）

21. 水泥混凝土路面基层材料选用的依据有（　　）。

A. 道路交通等级

B. 路基抗冲刷能力

C. 地基承载力

D. 路基的断面形式

E. 压实机具

22. 土工合成材料用于路堤加筋时应考虑的指标有（　　）强度。

A. 抗拉

B. 撕破

C. 抗压

D. 顶破

E. 握持

23. 配制高强度混凝土时，可选用的矿物掺合料有（　　）。

A. 优质粉煤灰

B. 磨圆的砾石

C. 磨细的矿渣粉

D. 硅粉

E. 膨润土

24. 关于深基坑内支撑体系施工的说法，正确的有（　　）。

A. 内支撑体系的施工，必须坚持先开挖后支撑的原则

B. 围檩与围护结构之间的间隙，可以用C30细石混凝土填充密实

C. 钢支撑预加轴力出现损失时，应再次施加到设计值

D. 结构施工时，钢筋可临时存放于钢支撑上

E. 支撑拆除应在替换支撑的结构构件达到换撑要求的承载力后进行

25. 城市排水管道巡视检查内容有（　　）。

A. 管网介质的质量检查

B. 地下管线定位监测

C. 管道压力检查

D. 管道附属设施检查

E. 管道变形检查

26. 关于在拱架上分段浇筑混凝土拱圈施工技术的说法，正确的有（　　）。

A. 纵向钢筋应通长设置

B. 分段位置宜设置在拱架节点、拱顶、拱脚处

C. 各分段接缝面应与拱轴线成45°

D. 分段浇筑应对称拱顶进行

E. 各分段内的混凝土应一次连续浇筑

27. 现浇混凝土水池满水试验应具备的条件有（　　）。

A. 混凝土强度达到设计强度的75%

B. 池体防水层施工完成后

C. 池体抗浮稳定性满足要求

D. 试验仪器已检验合格

E. 预留孔洞进出水口等已封堵

28. 关于竣工测量编绘的说法，正确的有（　　）。

A. 道路中心直线段应每隔100m施测一个高程点

B. 过街天桥测量天桥底面高程及净空

C. 桥梁工程对桥墩、桥面及附属设施进行现状测量

D. 地下管线在回填后，测量管线的转折、分支位置坐标及高程

E. 场区矩形建（构）筑物应注明两点以上坐标及室内地坪标高

29. 关于污水处理氧化沟的说法，正确的有（　　）。

A. 属于活性污泥处理系统

B. 处理过程需持续补充微生物

C. 利用污泥中的微生物降解污水中的有机污染物

D. 经常采用延时曝气

E. 污水一次性流过即可达到处理效果

30. 关于给水排水管道工程施工及验收的说法，正确的有（　　）。

A. 工程所用材料进场后需进行复验，合格后方可使用

B. 水泥砂浆内防腐层成形终凝后，将管道封堵

C. 无压管道在闭水试验合格24h后回填

D. 隐蔽分项工程应进行隐蔽验收

E. 水泥砂浆内防腐层，采用人工抹压法时，须一次抹压成形

三、实务操作和案例分析题（共5题，（一）、（二）、（三）题各20分，（四）、（五）题各30分）

（一）

背景资料：

某公司承接一项城镇主干道新建工程，全长1.8km，勘察报告显示K0+680~K0+920为暗塘，其他路段为杂填土且地下水丰富。设计单位对暗塘段采用水泥土搅拌桩方式进行处理，杂填土段采用改良土换填的方式进行处理。全路段土路基与基层之间设置一层200mm厚级配碎石垫层，部分路段垫层顶面铺设一层土工格栅，K0+680、K0+920处地基处理横断面示意图，如图1所示。

项目部确定水泥掺量等各项施工参数后进行水泥搅拌桩施工，质检部门在施工完成后进行了单桩承载力、水泥用量等项目的质量检验。

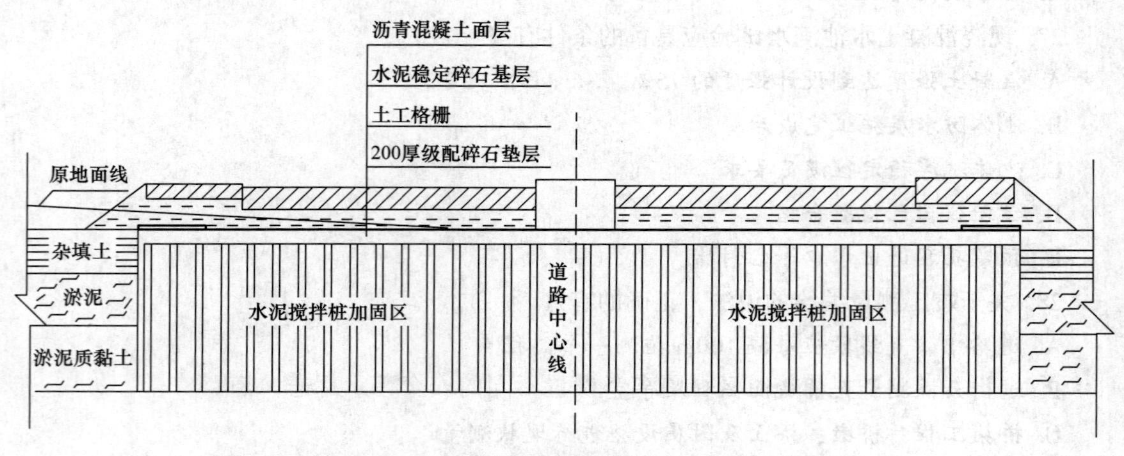

图 1　K0+680、K0+920 处地基处理横断面示意图（单位：mm）

垫层验收完成，项目部铺设固定土工格栅和摊铺水泥稳定碎石基层，采用重型压路机进行碾压，养护 3d 后进行下一道工序是施工。

项目部按照制定的扬尘防控方案，对土方平衡后多余的土方进行了外弃。

问题：

1. 土工格栅应设置在哪些路段的垫层顶面？说明其作用。
2. 水泥搅拌桩在施工前采用何种方式确定水泥掺量。
3. 补充水泥搅拌桩地基质量检验的主控项目。
4. 改正水泥稳定碎石基层施工中的错误之处。
5. 项目部在土方外弃时应采取哪些扬尘防控措施？

（二）

背景资料：

某区养护管理单位在雨期到来之前，例行城市道路与管道巡视检查，在K1+120和K1+160步行街路段沥青路面发现多处裂纹及路面严重变形。经CCTV影像显示，两井之间的钢筋混凝土平接口抹带脱落，形成管口漏水。

养护单位经研究决定，对两井之间的雨水管采取开挖换管施工，如图2所示。管材仍采用钢筋混凝土平口管。开工前，养护单位用砖砌封堵上、下游管口，做好临时导水措施。

养护单位接到巡视检查结果处置通知后，将该路段采取1.5m低围挡封闭施工，方便行人通行，设置安全护栏将施工区域隔离，设置不同的安全警示标志、道路安全警告牌、夜间挂闪烁灯示警，并派养护工人维护现场行人交通。

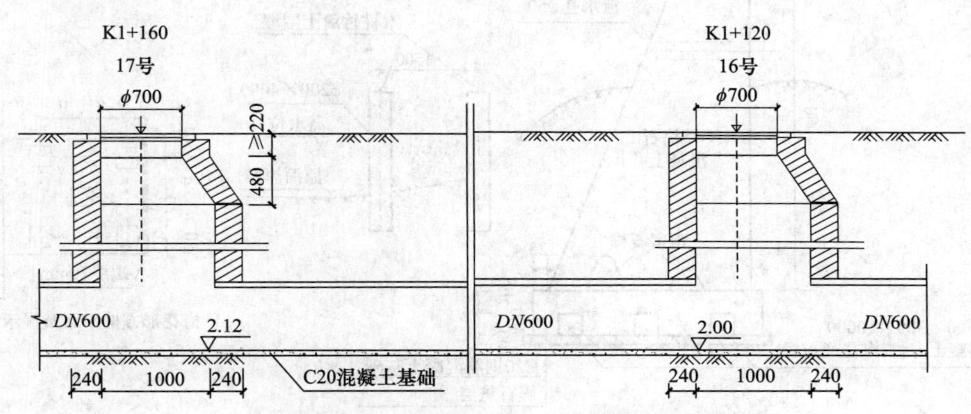

图2　更换钢筋混凝土平口管纵断面示意图

（标高单位：m；尺寸单位：mm）

问题：

1. 地下管线管口漏水会对路面产生哪些危害？
2. 两井之间实铺管长为多少，铺管应从哪号井开始？
3. 用砖砌封堵管口是否正确，最早什么时候拆除封堵？
4. 项目部在对施工现场安全管理采取的措施中，有几处描述不正确？请改正。

（三）

背景资料：

某项目部承接一项河道整治项目，其中一段景观挡土墙，长为 50m，连接既有景观挡土墙。该项目平均分 5 个施工段施工，端缝为 20mm。第一施工段临河侧需沉 6 根基础方桩，基础方桩按“梅花形”布置（如图 3 所示）。围堰与沉桩工程同时开工，依次再进行挡土墙施工，最后完成新建路面施工与栏杆安装。

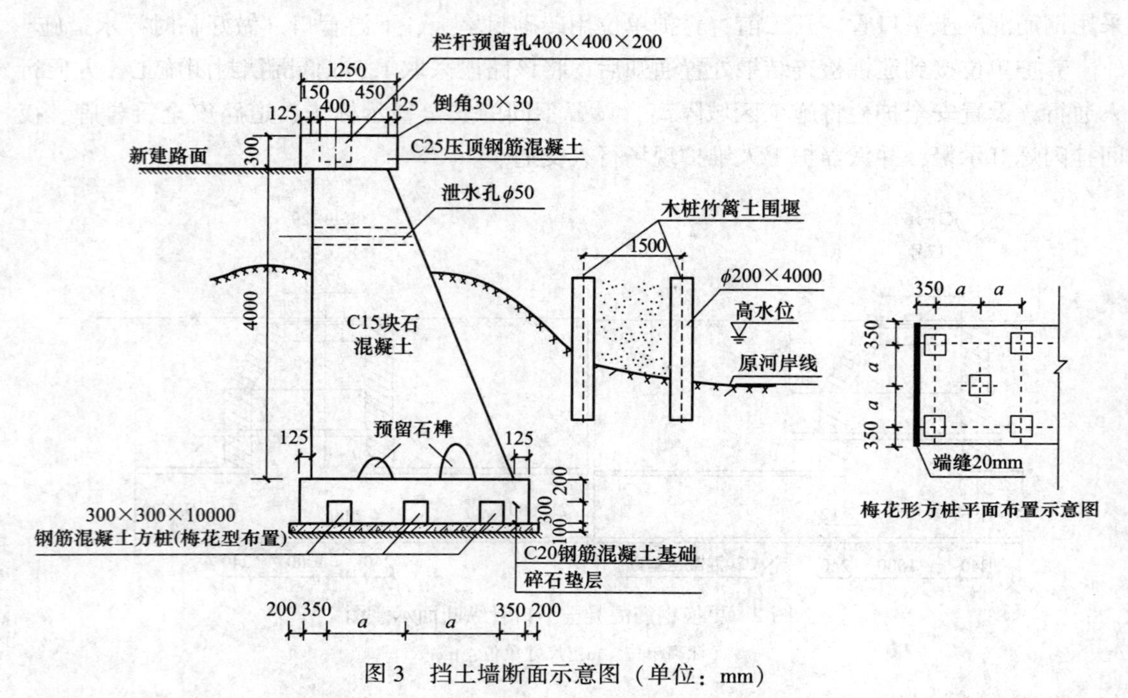

图 3　挡土墙断面示意图（单位：mm）

项目部根据方案使用柴油锤沉桩，遭附近居民投诉，监理随叫即停，要求更换沉桩方式，完工后，进行挡土墙施工，挡土墙施工工序有：机械挖土、A、碎石垫层、基础模板、B、浇筑混凝土、立墙身模板、浇筑墙体、压顶采用一次性施工。

问题：

1. 根据图 3 所示，该挡土墙结构形式属于哪种类型，端缝属于哪种类型？

2. 计算 a 的数值与第一段挡土墙基础方桩的根数。

3. 监理叫停施工是否合理？柴油锤沉桩有哪些原因会影响居民，可以更换哪几种沉桩方式？

4. 根据背景资料，正确写出 A、B 工序名称。

（四）

背景资料：

某公司承建一座城市桥梁工程，双向四车道，桥跨布置为4联×（5×20m），上部结构为预应力混凝土空心板，横断面布置空心板共24片，桥墩构造横断面如图4所示。空心板中板的预应力钢绞线设计有N1、N2两种形式，均由同规格的单根钢绞线索组成，空心板中板构造及钢绞线索布置半立面如图5所示。

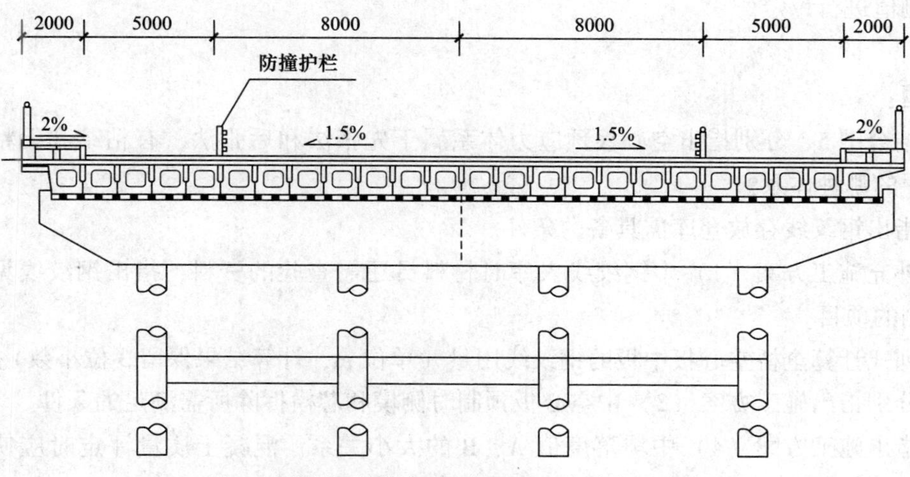

图4　桥墩构造横断面示意图（尺寸单位：mm）

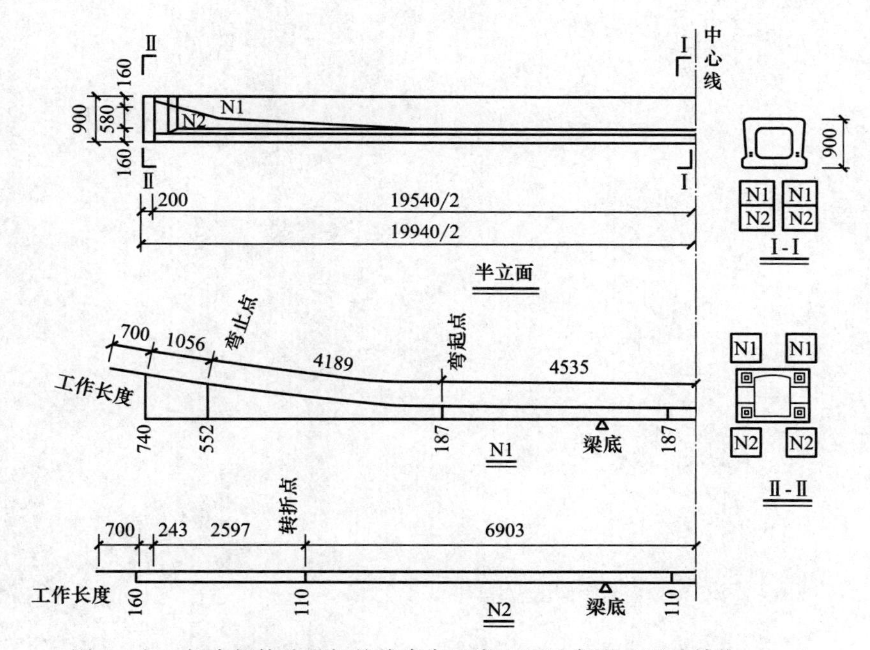

图5　空心板中板构造及钢绞线索布置半立面示意图（尺寸单位：mm）

项目部编制的空心板专项施工方案有如下内容：

（1）钢绞线采购进场时，材料员对钢绞线的包装、标志等资料进行查验，合格后入库存放。随后，项目部组织开展钢绞线见证取样送检工作，检测项目包括表面质量等。

（2）计算汇总空心板预应力钢绞线用量。

（3）空心板预制侧模和芯模均采用定型钢模板。混凝土施工完成后及时组织对侧模及芯模进行拆除，以便最大限度地满足空心板预制进度。

（4）空心板浇筑混凝土施工时，项目部对混凝土拌合物进行质量控制，分别在混凝土拌合站和预制厂浇筑地点随机取样检测混凝土拌合物的坍落度，其值分别为 A 和 B，并对坍落度测值进行评定。

问题：

1. 结合图 5，分别指出空心板预应力体系属于先张法和后张法、有粘结和无粘结预应力体系中的哪种体系？

2. 指出钢绞线存放仓库需具备的条件。

3. 补充施工方案（1）中钢绞线入库时材料员还需查验的资料；指出钢绞线见证取样还需检测的项目。

4. 列式计算全桥空心板中板的钢绞线用量（单位 m，计算结果保留 3 位小数）。

5. 分别指出施工方案（3）中空心板预制时侧模和芯模拆除所需满足的条件。

6. 指出施工方案（4）中坍落度值 A、B 的大小关系；混凝土质量评定时应使用哪个数值？

（五）

背景资料：

某公司承建一项城市主干路工程，长度2.4km，在桩号K1+180～K1+196位置与铁路斜交，采用四跨地道桥顶进下穿铁路的方案。为保证铁路正常通行，施工前由铁路管理部门对铁路线进行加固。顶进工作坑顶进面采用放坡加网喷混凝土方式支护，其余三面采用钻孔灌注柱加桩间网喷支护，地道桥施工平面及剖面图如图6、图7所示。

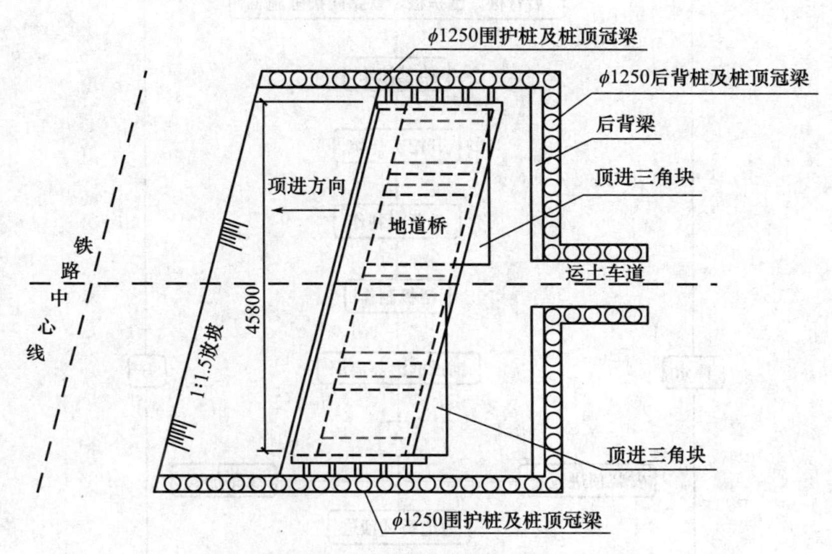

图6　地道桥施工平面示意图（单位：mm）

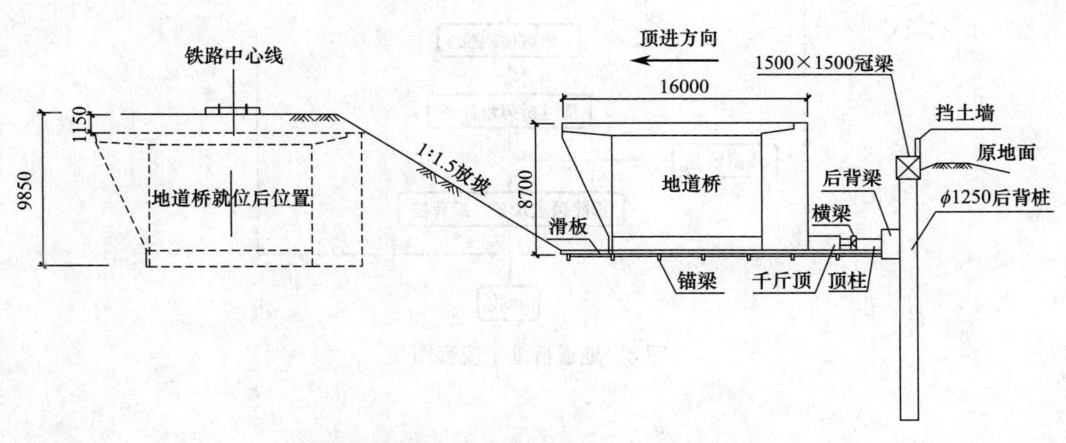

图7　地道桥施工剖面示意图（单位：mm）

项目部编制了地道桥基坑降水、支护、开挖、顶进方案并经过相关部门审批。地道桥施工流程如图8所示。

混凝土钻孔灌注桩施工过程包括以下内容：采用旋挖钻成孔，桩顶设置冠梁。钢筋笼主筋采用直螺纹套筒连接，桩顶锚固钢筋按伸入冠梁长度500mm进行预留，混凝土浇筑至桩顶设计高程后，立即开始相邻桩的施工。

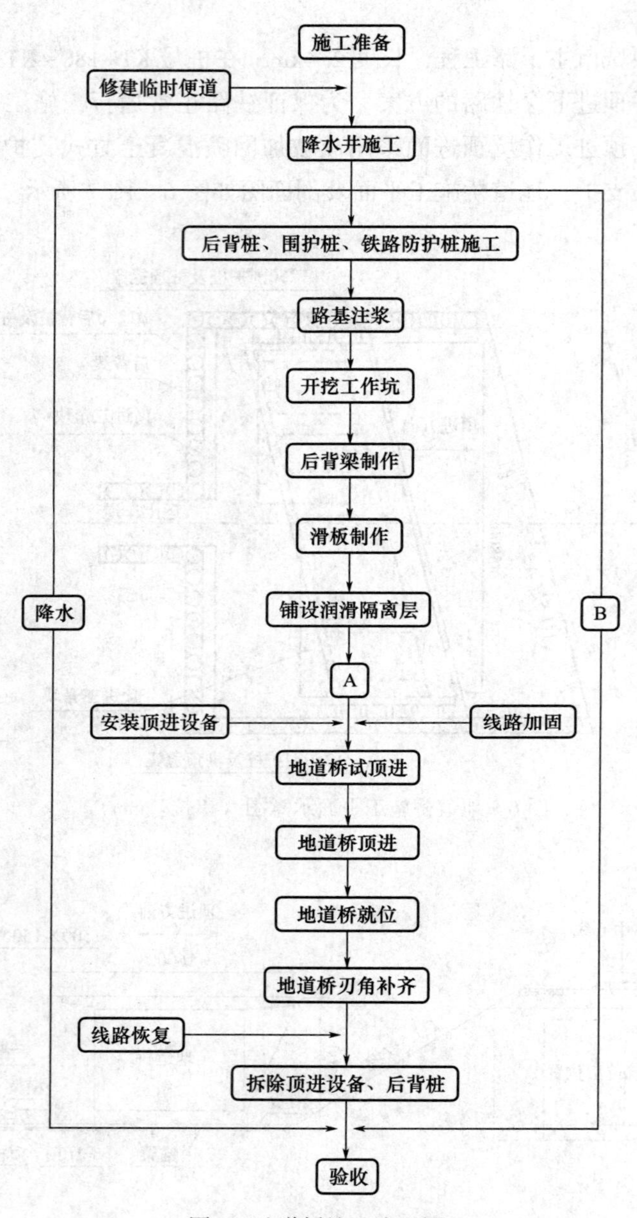

图8　地道桥施工流程图

问题：

1. 直螺纹连接套筒进场需要提供哪几项报告？写出钢筋丝头加工和连接件检测专用工具的名称。

2. 改正混凝土灌注桩施工过程的错误之处。

3. 补全施工流程图中A、B名称。

4. 地道桥每次顶进，除检查液压系统外，还应检查哪些部位的使用状况？

5. 在每一顶程中测量的内容是哪些？

6. 地道桥顶进施工应考虑的防水排水措施有哪些？

2021年度真题参考答案及解析

一、单项选择题

1. D；	2. C；	3. C；	4. A；	5. B；
6. C；	7. B；	8. D；	9. B；	10. A；
11. C；	12. D；	13. C；	14. D；	15. D；
16. A；	17. C；	18. A；	19. B；	20. C。

【解析】

1. D。本题考核的是工程索赔的应用。延期发出图纸产生的索赔，由于是施工前准备阶段，该类项目一般只进行工期索赔。

2. C。本题考核的是水泥混凝土面层原材料使用。

重交通以上等级道路、城市快速路、主干路应采用42.5级及以上的道路硅酸盐水泥或硅酸盐水泥、普通硅酸盐水泥，因此选项A错误，选项A中“可采用32.5级”错误，正确的是“采用42.5级及以上”。

其他道路可采用矿渣硅酸盐水泥，其强度等级宜不低于32.5级，因此选项B错误，选项B中“重交通以上”错误，正确的是“其他道路”。

粗集料的最大公称粒径，碎砾石不应大于26.5mm，因此选项C正确。

水泥混凝土面层宜采用质地坚硬，细度模数在2.5以上，符合级配规定的洁净粗砂、中砂，技术指标应符合规范要求，因此选项D错误，选项D中错在“2.0以下”，正确的是“2.5以上”。

3. C。本题考核的是大体积混凝土裂缝的发生原因。大体积混凝土裂缝发生原因包括：水泥水化热的影响、内外约束条件的影响、外界气温变化的影响、混凝土的收缩变形、混凝土的沉陷裂缝。其中，混凝土的沉陷裂缝：支架、支架变形下沉会引发结构裂缝，过早拆除模板支架易使未达到强度的混凝土结构发生裂缝和破损。

4. A。本题考核的是城市非开挖管施工中定向钻施工质量控制要点。城市非开挖管施工中，导向孔钻进应符合下列规定：(1) 钻机必须先进行试运转，确定各部分运转正常后方可钻进。(2) 第一根钻杆入土钻进时，应采取轻压慢转的方式，稳定钻进导入位置和保证入土角，且入土段和出土段应为直线钻进，其直线长度宜控制在20m左右。

5. B。本题考核的是沥青的技术性能。对高等级道路，夏季高温持续时间长、重载交通、停车场等行车速度慢的路段，尤其是汽车荷载剪应力大的结构层，宜采用稠度大（针入度小）的沥青。高等级道路，夏季高温持续时间长的地区、重载交通、停车站、有信号灯控制的交叉路口、车速较慢的路段或部位需选用软化点高的沥青，反之，则用软化点较小的沥青。综上所述，本题选B。

6. C。本题考核的是盾构掘进技术中的壁后注浆。管片壁后注浆按与盾构推进的时间和注浆目的不同，可分为同步注浆、二次注浆和堵水注浆。

7. B。本题考核的是供热管网附件中的补偿器特点。自然补偿器、方形补偿器和波纹管补偿器是利用补偿材料的变形来吸收热伸长的，而套筒式补偿器和球形补偿器则是利用管道的位移来吸收热伸长的。

8. D。本题考核的是盾构法施工地层变形监测项目。地层变形施工监测项目应符合表1的规定。当穿越水域、建（构）筑物及其他有特殊要求地段时，应根据设计要求确定。

表1 施工监测项目

类别	监测项目
必测项目	施工区域地表隆沉、沿线建(构)筑物和地下管线变形
	隧道结构变形
选测项目	岩土体深层水平位移和分层竖向位移
	衬砌环内力
	地层与管片的接触应力

根据表1可以看出，选项A土体深层水平位移、选项B衬砌环内力、选项C地层与管片的接触应力属于地层变形施工监测的选测项目，选项D隧道结构变形属于地层变形施工监测的必测项目。

9. B。本题考核的是地基基坑加固的方式。按平面布置形式分类，基坑内被动土压区加固形式主要有墩式加固、裙边加固、抽条加固、格栅式加固和满堂加固。墩式加固：采用该方式时，土体加固一般多布置在基坑周边阳角位置或跨中区域。裙边加固：基坑面积较大时，宜采用该方式。因此本题选B。抽条加固：长条形基坑可考虑采用该方式。格栅式加固：地铁车站的端头井一般采用该方式。满堂加固：环境保护要求高，或为了封闭地下水时，可采用该方式。

10. A。本题考核的是城市排水体制中的分流制排水体系。对于新型分流制排水系统，强调雨水的源头分散控制与末端集中控制相结合，减少进入城市管网中的径流量和污染物总量，同时提高城市内涝防治标准和雨水资源化回用率。雨水源头控制利用技术有雨水下渗、净化和收集回用技术，末端集中控制技术包括雨水湿地、塘体及多功能调蓄等。本题中，选项B雨水湿地、选项C雨水入塘、选项D雨水调蓄属于末端集中控制技术。

11. C。本题考核的是预应力混凝土水池无粘结预应力筋布置安装。无粘结预应力筋布置安装：

锚固肋数量和布置，应符合设计要求；设计无要求时，张拉段无粘结预应力筋长不超过50m，且锚固肋数量为双数。因此选项C说法正确。

安装时,上下相邻两环无粘结预应力筋锚固位置应错开一个锚固肋；应以锚固肋数量的一半为无粘结预应力筋分段（张拉段）数量；每段无粘结预应力筋的计算长度应加入一个锚固肋宽度及两端张拉工作长度和锚具长度。因此选项 B 说法错误。

应在浇筑混凝土前安装、放置；浇筑混凝土时，不得踏压，碰撞无粘结预应力筋、支撑架及端部预埋件。因此选项 A 说法错误。

无粘结预应力筋中严禁有接头。因此选项 D 说法错误。

12. D。本题考核的是常见挡土墙的结构形式及特点。扶壁式挡土墙：由底板及固定在底板上的墙面板和扶壁构成，主要依靠底板上的填土重量维持挡土构筑物的稳定。带卸荷板的柱板式挡土墙：是借卸荷板上部填土的重力平衡土体侧压力的挡土构筑物。锚杆式挡土墙：是利用板肋式、格构式或排桩式墙身结构挡土，依靠固定在岩石或可靠地基上的锚杆维持稳定的挡土建筑物。自立式挡土墙：是利用板桩挡土，依靠填土本身、拉杆及固定在可靠地基上的锚锭块维持整体稳定的挡土建筑物。

13. C。本题考核的是路用工程（土）主要性能参数液性指数 I_L：土的天然含水率与塑限之差值对塑性指数之比值，$I_L=(\omega-\omega_p)/I_p$，可用以判别土的软硬程度；$I_L<0$ 为坚硬、半坚硬状态，$0\leqslant I_L<0.5$ 为硬塑状态，$0.5\leqslant I_L<1.0$ 为软塑状态，$I_L\geqslant 1.0$ 流塑状态。

14. D。本题考核的是给水与污水处理厂试运行的基本程序。给水与污水处理厂试运行的基本程序：单机试车→设备机组充水试验→设备机组空载试运行→设备机组负荷试运行→设备机组自动开停机试运行。因此本题选 D。

15. D。本题考核的是燃气管网附属设备安装要点。

阀门手轮不得向下；落地阀门手轮朝上，不得歪斜；在工艺允许的前提下，阀门手轮宜位于齐胸高，以便于启阀；明杆闸阀不要安装在地下，以防腐蚀。因此选项 A 说法错误。

补偿器安装应与管道同轴，不得偏斜；不得用补偿器变形调整管位的安装误差。因此选项 B 说法错误。

凝水缸的作用是排除燃气管道中的冷凝水和石油伴生气管道中的轻质油。放散管是一种专门用来排放管道内部的空气或燃气的装置。凝水缸设置在管道低处，放散管设在管道高处。因此选项 C 说法错误。

为保证管网的安全与操作方便，燃气管道的地下阀门宜设置阀门井。因此选项 D 说法正确。

16. A。本题考核的是 HDPE 膜铺设工程质量验收要求。HDPE 膜材料质量抽样检验，应由供货单位和建设单位双方在现场抽样检查。

17. C。本题考核的是隧道施工测量。

施工前应建立地面平面控制；地面高程控制可视现场情况以三、四等水准或相应精度的三角高程测量布设。因此选项 A 说法正确。

敷设洞内基本导线、施工导线和水准路线，并随施工进展而不断延伸；在开挖掌子面上放样，标出拱顶、边墙和起拱线位置，衬砌结构支模后应检测、复核竣工断面。因此选项 B 说法正确。

盾构机拼装后应进行初始姿态测量，掘进过程中应进行实时姿态测量。因此选项 C 说法错误。

有相向施工段时应进行贯通测量设计，应根据相向开挖段的长度，按设计要求布设二、三等或四等角网，或者布设相应精度的精密导线。因此选项 D 说法正确。

18. A。本题考核的是模板、支架和拱架的设计与验算。设计模板、支架和拱架时应按表 2 进行荷载组合。

表 2　设计模板、支架和拱架的荷载组合表

模板构件名称	荷载组合	
	计算强度用	验算刚度用
梁、板和拱的底模及支承板、拱架、支架等	①+②+③+④+⑦+⑧	①+②+⑦+⑧
缘石、人行道、栏杆、柱、梁板、拱等的侧模板	④+⑤	⑤
基础、墩台等厚大结构物的侧模板	⑤+⑥	⑤

注：表中代号意思如下：

① 模板、拱架和支架自重。
② 新浇筑混凝土、钢筋混凝土或圬工、砌体的自重力。
③ 施工人员及施工材料机具等行走运输或堆放的荷载。
④ 振捣混凝土时的荷载。
⑤ 新浇筑混凝土对侧面模板的压力。
⑥ 倾倒混凝土时产生的水平向冲击荷载。
⑦ 设于水中的支架所承受的水流压力、波浪力流冰压力、船只及其他漂浮物的撞击力。
⑧ 其他可能产生的荷载，如风雪荷载、冬期施工保温设施荷载等。

本题要求选择现浇混凝土箱梁支架设计时，计算强度及验算刚度均应使用的荷载是：①支架自重；②新浇筑混凝土的自重力。因此本题选 A。

19. B。本题考核的是钢管混凝土浇筑施工质量控制。钢管内混凝土饱满，管壁与混凝土紧密结合，混凝土强度应符合设计要求。钢管混凝土的质量检测应以超声检测为主，人工敲击为辅。因此本题选 B。

20. C。本题考核的是工程量清单计价有关规定。

措施项目中的安全文明施工费必须按国家或省级、行业建设主管部门的规定计算，不得作为竞争性费用。因此选项 A 不选。

规费和税金应按国家或省级、行业建设主管部门的规定计算，不得作为竞争性费用。因此选项 B 不选。

扬尘污染防治费已纳入建筑安装工程费用的安全文明施工费中，是建设工程造价的一部分，是不可竞争性费用。因此选项 D 不选。

综上所述，选项 A、B、D 排除，本题选 C。

二、多项选择题

21. A、B；　22. A、B、D、E；　23. A、C、D；
24. B、C、E；　25. A、B、D、E；　26. B、D、E；
27. C、D、E；　28. B、C、E；　29. A、C、D；
30. A、D。

【解析】

21. A、B。本题考核的是水泥混凝土路面构造特点。基层材料的选用原则：根据道路交通等级和路基抗冲刷能力来选择基层材料。因此本题选 A、B。

22. A、B、D、E。本题考核的是土工合成材料的性能。路堤加筋的主要目的是提高路堤的稳定性。土工合成材料应具有足够的抗拉强度、较高的撕破强度、顶破强度和握持强度等性能。

23. A、C、D。本题考核的是混凝土原材料的应用，配制高强度混凝土的矿物掺合料可选用优质粉煤灰、磨细矿渣粉、硅粉和磨细天然沸石粉。

24. B、C、E。本题考核的是深基坑内支撑体系施工。

内支撑结构的施工与拆除顺序应与设计一致，必须坚持先支撑后开挖的原则。因此选项 A 说法错误。

围檩与围护结构之间紧密接触，不得留有缝隙。如有间隙应用强度不低于 C30 的细石混凝土填充密实或采用其他可靠连接措施。因此选项 B 说法正确。

钢支撑应按设计要求施加预压力，当监测到预加压力出现损失时，应再次施加预压力。因此选项 C 说法正确。

当主体结构的底板和楼板分块浇筑或设置后浇带时，应在分块部位或后带处设置可靠的传力构件。支撑拆除应根据支撑材料、形式、尺寸等具体情况采用人工、机械和爆破等方法。选项 D 说法错误，钢筋不可存放于钢支撑上。

支撑拆除应在替换支撑的结构构件达到换撑要求的承载力后进行。因此选项 E 说法正确。

25. A、B、D、E。本题考核的是城市管道巡视检查内容。管道巡视检查内容包括管道漏点监测、地下管线定位监测、管道变形检查、管道腐蚀与结垢检查、管道附属设施检查、管网介质的质量检查等。因此本题选 A、B、D、E。

26. B、D、E。本题考核的是在拱架上分段浇筑混凝土拱圈施工技术要求。

分段浇筑钢筋混凝土拱圈（拱肋）时，纵向不得采用通长钢筋，钢筋接头应安设在后浇的几个间隔槽内，并应在浇筑间隔槽混凝土时焊接。因此选项 A 说法错误。

跨径大于或等于 16m 的拱圈或拱肋，宜分段浇筑。分段位置，拱式拱架宜设置在拱架受力反弯点、拱架节点、拱顶及拱脚处；满布式拱架宜设置在拱顶、1/4 跨径、拱脚及拱架节点等处。因此选项 B 说法正确。

各段的接缝面应与拱轴线垂直，各分段占小预留间隔槽，其宽度宜为 0.5~1m。因此选项 C 说法错误。

分段浇筑程序应符合设计要求，应对称于拱顶进行。因此选项 D 说法正确。

各分段内的混凝土应一次连续浇筑完毕，因故中断时，应将施工缝凿成垂直于拱轴线的平面或台阶式接合面。因此选项 E 说法正确。

27. C、D、E。本题考核的是现浇混凝土水池满水试验应具备的条件。

池体的混凝土或砖、石砌体的砂浆已达到设计强度要求；池内清理洁净，池内外缺陷修补完毕。因此选项 A 错误。

现浇钢筋混凝土池体的防水层、防腐层施工之前；装配式预应力混凝土池体施加预应力且锚固端封锚以后，保护层喷涂之前，砖砌池体防水层施工以后，石砌池体勾缝以后。因此选项 B 错误。

池体抗浮稳定性满足设计要求。因此选项 C 正确。

试验所需的各种仪器设备应为合格产品，并经具有合法资质的相关部门检验合格。因此选项 D 正确。

设计预留孔洞、预埋管口及进出水口等已做临时封堵，且经验算能安全承受试验压力。因此选项 E 正确。

28. B、C、E。本题考核的是竣工测量编绘。

道路中心直线段应每 25m 施测一个坐标和高程点。因此选项 A 说法错误。

过街天桥应测出天桥底面高程，并应标注与路面的净空高。因此选项 B 说法正确。

在桥梁工程竣工后应对桥墩、桥面及其附属设施进行现状测量。因此选项 C 说法正确。

地下管线竣工测量宜在覆土前进行，主要包括交叉点、分支点、转折点、变材点、变径点、变坡点、起讫点、上杆、下杆以及管线上附属设施中心点等。因此选项 D 说法错误。

场区建（构）筑物竣工测量，如渗沥液处理设施和泵房等，对矩形建（构）筑物应注明两点以上坐标，圆形建（构）筑物应注明中心坐标及接地外半径；建（构）筑物室内地坪标高；构筑物间连接管线及各线交叉点的坐标和标高。因此选项 E 说法正确。

29. A、C、D。本题考核的是污水处理氧化沟。

氧化沟是一种活性污泥处理系统，其曝气池呈封闭的沟渠型，所以它在水力流态上不同于传统的活性污泥法，它是一种首尾相连的循环流曝气沟渠，又称循环曝气池。因此选项 A 说法正确。

二级处理以氧化沟为例，主要去除污水中呈胶体和溶解状态的有机污染物质。通常采用的方法是微生物处理法，具体方式有活性污泥法和生物膜法。因此选项 C 说法正确，选项 B 说法错误。

氧化沟一般不需要设置初沉池，并且经常采用延时曝气。因此选项 D 说法正确。

氧化沟是传统活性污泥法的一种改型，污水和活性污泥混合液在其中循环流动，动力来自于转刷与水下推进器。因此选项 E 说法错误。

30. A、D。本题考核的是给水排水管道工程施工及验收。

工程所用的管材、管道附件、构（配）件和主要原材料等产品进入施工现场时必须进行进场验收并妥善保管。进场验收时应检查每批产品的订购合同、质量合格证书、性能检验报告、使用说明书、进口产品的商检报告及证件等并按国家有关标准规定进行复验，验收合格后方可使用。因此选项 A 说法正确。

水泥砂浆内防腐层成形后，应立即将管道封堵，终凝后进行潮湿养护。因此选项 B 说法错误。

无压管道在闭水或闭气试验合格后应及时回填。因此选项 C 说法错误。

给水排水管道工程施工质量控制中，相关各分项工程之间，必须进行交接检验，所有隐蔽分项工程应进行隐蔽验收，未经检验或验收不合格不得进行下道分项工程施工。因此选项 D 说法正确。

水泥砂浆内防腐层可采用机械喷涂、人工抹压、拖筒或离心预制法施工。采用人工抹压法施工时，应分层抹压。因此选项 E 错误。

三、实务操作和案例分析题

（一）

1. 土工格栅应设置在下列路段的垫层顶面：水泥搅拌桩处理段与改良换填段交接处（或 K0+680 和 K0+920 处）。

作用：（1）提高路堤的稳定性。（2）减小连接处的不均匀沉降。

2. 水泥搅拌桩在施工前采用试桩（或成桩试验）方式确定水泥掺量。

3. 需补充的水泥搅拌桩地基质量检验的主控项目：复合地基承载力、搅拌叶回转半径、桩长、桩身强度。

4. 水泥稳定碎石基层施工中的错误之处及改正如下：

错误之处一：采用重型压路机进行碾压（或采用轻型压路机碾压）；

改正：先轻型后重型压路机进行碾压。

错误之处二：养护 3d 后进行下一道工序是施工；

改正：常温下养护不小于 7d 养护完毕检验合格后方可下一道工序施工。

5. 项目部在土方外弃时应采用下列扬尘防控措施：

遮盖、冲洗车辆、清扫、洒水。

（二）

1. 地下管线管口漏水会对路面产生的危害有：冲刷管口周边土体，导致路出现轻微塌陷。

2. 两井之间实铺管长为：$1160-1120-(1-0.7/2)-0.7/2=39$m。铺管应从 16 号井开始。

3. 用砖砌封堵管口正确。

最早拆除封堵时间：更换后的管道严密性试验（闭气或闭水试验）合格后。

4. 施工现场安全管理采取的措施中错误之处及改正：

错误之处一：采取 1.5m 低围挡封闭施工；

改正：应采取高度 1.8~2.5m 的围挡封闭。

错误之处二：设置道路安全警告牌；

改正：应设道路安全指示牌。

错误之处三：夜间悬挂闪烁灯示警；

改正：夜间设红灯示警。

错误之处四：派养护工人维护现场行人交通；

改正：派专职交通疏导员（安全员）维护现场行人交通。

（三）

1. 该挡土墙结构形式属重力式挡土墙，端缝属于结构沉降缝（变形缝）。

2. 第一段挡土墙长度为 50÷5＝10m，即 10000mm。

a 的数值：(10000−40−350−350)/[(6−1)×2]＝926mm。

第一段挡土墙基础方桩的根数：6+6+5＝17 根。

3. 监理叫停施工是合理的。

柴油锤沉桩有噪声大、振动大、柴油燃烧污染大气，会影响居民。

可以更换的沉桩方式包括：振动锤沉桩和静（液）压锤沉桩。

4. A 的名称是破桩头；B 的名称是绑扎基础钢筋。

（四）

1. 空心板预应力体系属于后张法、有粘结预应力体系。

2. 钢绞线存放的仓库需具备的条件：干燥、防潮、通风良好、无腐蚀气体和介质。

3. 施工方案（1）中钢绞线入库时材料员还需查验的资料：出厂质量证明文件、规格。

见证取样还需检测的项目：直径偏差、力学性能试验。

4. 全桥空心板中板的钢绞线用量计算：

N1 钢绞线单根长度：2×(4535+4189+1056+700)＝20960mm；

N2 钢绞线单根长度：2×(6903+2597+243+700)＝20886mm；

一片空心板需要钢纹线长度：2×(20.96+20.886)＝83.692m；

全桥空心板中板数量：22×4×5＝440 片；

全桥空心板中板的钢绞线用量：440×83.692＝36824.480m。

5. 施工方案（3）中：

（1）空心板预制时，侧模拆除所需要满足条件：混凝土强度应能保证结构棱角不损坏时方可拆除，混凝土强度宜 2.5MPa 及以上。

（2）空心板预制时，芯模拆除所需要满足条件：混凝土抗压强度能保证结构表面不发生塌陷和裂缝时，方可拔出。

6. 施工方案（4）中，坍落度 A 大于 B，混凝土质量评定时应使用 B。

（五）

1. 直螺纹连接套筒进场需要提供的报告：产品合格证、产品说明书、产品试验报告单、型式检验报告。

钢筋丝头加工和连接件检测专用工具的名称：通规、止规、钢筋数显扭力扳手、卡尺。

2. 改正混凝土灌注桩施工过程的错误之处：

改正一：桩顶锚固钢筋伸入冠梁长度应为冠梁厚度。

改正二：混凝土浇筑应超出灌注桩设计标高 0.5~1m。

改正三：相邻桩之间净距小于 5m 时，邻桩混凝土强度达 5MPa 后，方可进行钻孔施工；或间隔钻孔施工。

3. 施工流程图中：

A 的名称是预制地道桥制作；B 的名称是监控量测。

4. 每次顶进还应检查：顶柱（铁）安装、后背变化情况（包括后背土体、后背梁、后背柱、挡土墙等部位）、顶程及总进尺等部位使用状况。

5. 在每一顶程中测量的内容是：

轴线、高程。

6. 地道桥顶进施工应考虑的防排水措施是：

地面硬化、挡土墙、截水沟、坑内排水沟、集水井。

2020 年度全国一级建造师执业资格考试

《市政公用工程管理与实务》

真题及解析

学习遇到问题？
扫码在线答疑

2020 年度《市政公用工程管理与实务》真题

一、单项选择题（共 20 题，每题 1 分。每题的备选项中，只有 1 个最符合题意）

1. 主要起防水、磨耗、防滑或改善碎（砾）石作用的路面面层是（　　）。

A. 热拌沥青混合料面层

B. 冷拌沥青混合料面层

C. 沥青贯入式面层

D. 沥青表面处治面层

2. 淤泥、淤泥质土及天然强度低、（　　）的黏土统称为软土。

A. 压缩性高、透水性大

B. 压缩性高、透水性小

C. 压缩性低、透水性大

D. 压缩性低、透水性小

3. 存在于地下两个隔水层之间，具有一定水头高度的水，称为（　　）。

A. 上层滞水　　B. 潜水

C. 承压水　　D. 毛细水

4. 以粗集料为主的沥青混合料复压宜优先选用（　　）。

A. 振动压路机

B. 钢轮压路机

C. 重型轮胎压路机

D. 双轮钢筒式压路机

5. 现场绑扎钢筋时，不需要全部用绑丝绑扎的交叉点是（　　）。

A. 受力钢筋的交叉点

B. 单向受力钢筋网片外围两行钢筋交叉点

C. 单向受力钢筋网中间部分交叉点

D. 双向受力钢筋的交叉点

6. 关于桥梁支座的说法，错误的是（　　）。

A. 支座传递上部结构承受的荷载

B. 支座传递上部结构承受的位移

C. 支座传递上部结构承受的转角

D. 支座对桥梁变形的约束应尽可能大，以限制梁体自由伸缩

7. 关于先张法预应力空心板梁的场内移运和存放的说法，错误的是（　　）。

A. 吊运时，混凝土强度不得低于设计强度等级的75%

B. 存放时，支点处应采用垫木支承

C. 存放时间可长达3个月

D. 同长度的构件，多层叠放时，上下层垫木在竖直面上应适当错开

8. 钢梁制造企业应向安装企业提供的相关文件中，不包括（　　）。

A. 产品合格证

B. 钢梁制造环境的温度、湿度记录

C. 钢材检验报告

D. 工厂试拼装记录

9. 柔性管道工程施工质量控制的关键是（　　）。

A. 管道接口　　B. 管道基础

C. 沟槽回填　　D. 管道坡度

10. 地铁基坑采用的围护结构形式很多，其中强度大、开挖深度大，同时可兼作主体结构一部分的围护结构是（　　）。

A. 重力式水泥土挡墙

B. 地下连续墙

C. 预制混凝土板桩

D. SMW 工法桩

11. 盾构接收施工，工序可分为：①洞门凿除；②到达段掘进；③接收基座安装与固定；④洞门密封安装；⑤盾构接收。施工程序正确的是（　　）。

A. ①→③→④→②→⑤

B. ①→②→③→④→⑤

C. ①→④→②→③→⑤

D. ①→②→④→③→⑤

12. 关于沉井施工技术的说法，正确的是（　　）。

A. 在粉细砂土层采用不排水下沉时，井内水位应高出井外水位0.5m

B. 沉井下沉时，需对沉井的标高、轴线位移进行测量

C. 大型沉井应进行结构内力监测及裂缝观测

D. 水下封底混凝土强度达到设计强度等级的75%时，可将井内水抽除

13. 关于水处理构筑物特点的说法中，错误的是（　　）。

A. 薄板结构

B. 抗渗性好

C. 抗地层变位性好

D. 配筋率高

14. 下列关于给水排水构筑物施工的说法，正确的是（　　）。

A. 砌体的沉降缝应与基础沉降缝贯通，变形缝应错开

B. 砖砌拱圈应自两侧向拱中心进行，反拱砌筑顺序反之

C. 检查井砌筑完成后再安装踏步

D. 预制拼装构筑物施工速度快、造价低，应推广使用

15. 金属供热管道安装时，焊缝可设置于（　　）。

A. 管道与阀门连接处

B. 管道支架处

C. 保护套管中

D. 穿过构筑物结构处

16. 渗沥液收集导排系统施工控制要点中，导排层所用卵石的（　　）含量必须小于10%。

A. 碳酸钠（Na_2CO_3）

B. 氧化镁（MgO）

C. 碳酸钙（$CaCO_3$）

D. 氧化硅（SiO_2）

17. 为市政公用工程设施改扩建提供基础资料的是原设施的（　　）测量资料。

A. 施工中　　　　B. 施工前

C. 勘察　　　　D. 竣工

18. 下列投标文件内容中，属于经济部分的是（　　）。

A. 投标保证金

B. 投标报价

C. 投标函

D. 施工方案

19. 在施工合同常见的风险种类与识别中，水电、建材不能正常供应属于（　　）。

A. 工程项目的经济风险

B. 业主资信风险

C. 外界环境风险

D. 隐含的风险条款

20. 下列水处理构筑物中，需要做气密性试验的是（　　）。

A. 消化池　　　　B. 生物反应池

C. 曝气池　　　　D. 沉淀池

二、多项选择题（共10题，每题2分。每题的备选项中，有2个或2个以上符合题意，至少有1个错项。错选，本题不得分；少选，所选的每个选项得0.5分）

21. 下列沥青混合料中，属于骨架—空隙结构的有（　　）。

A. 普通沥青混合料
B. 沥青碎石混合料
C. 改性沥青混合料
D. OGFC 排水沥青混合料
E. 沥青玛𤧛脂碎石混合料

22. 再生沥青混合料生产工艺中的性能试验指标除了矿料间隙率、饱和度，还有（　　）。
A. 空隙率
B. 配合比
C. 马歇尔稳定度
D. 车辙试验稳定度
E. 流值

23. 桥梁伸缩缝一般设置于（　　）。
A. 桥墩处的上部结构之间
B. 桥台端墙与上部结构之间
C. 连续梁桥最大负弯矩处
D. 梁式桥的跨中位置
E. 拱式桥拱顶位置的桥面处

24. 地铁车站通常由车站主体及（　　）组成。
A. 出入口及通道
B. 通风道
C. 风亭
D. 冷却塔
E. 轨道及道床

25. 关于直径 50m 的无粘结预应力混凝土沉淀池施工技术的说法，正确的有（　　）。
A. 无粘结预应力筋不允许有接头
B. 封锚外露预应力筋保护层厚度不小于 50mm
C. 封锚混凝土强度等级不得低于 C40
D. 安装时，每段预应力筋计算长度为两端张拉工作长度和锚具长度
E. 封锚前无粘结预应力筋应切断，外露长度不大于 50mm

26. 在采取套管保护措施的前提下，地下燃气管道可穿越（　　）。
A. 加气站　　B. 商场
C. 高速公路　　D. 铁路
E. 化工厂

27. 连续浇筑综合管廊混凝土时，为保证混凝土振捣密实，在（　　）部位周边应辅助人工插捣。
A. 预留孔　　B. 预埋件
C. 止水带　　D. 沉降缝

E. 预埋管

28. 关于工程竣工验收的说法，正确的有（　　）。

A. 重要部位的地基与基础，由总监理工程师组织，施工单位、设计单位项目负责人参加验收

B. 检验批及分项工程，由专业监理工程师组织施工单位专业质量或技术负责人验收

C. 单位工程中的分包工程，由分包单位直接向监理单位提出验收申请

D. 整个建设项目验收程序为：施工单位自验合格，总监理工程师预验收认可后，由建设单位组织各方正式验收

E. 验收时，对涉及结构安全、使用功能等的重要分部工程，需提供抽样检测合格报告

29. 关于因不可抗力导致相关费用调整的说法，正确的有（　　）。

A. 工程本身的损害由发包人承担

B. 承包人人员伤亡所产生的费用，由发包人承担

C. 承包人的停工损失，由承包人承担

D. 运至施工现场待安装设备的损害，由发包人承担

E. 工程所需清理、修复费用，由发包人承担

30. 在设置施工成本管理组织机构时，要考虑市政公用工程施工项目具有（　　）等特点。

A. 多变性　　B. 阶段性

C. 流动性　　D. 单件性

E. 简单性

三、实务操作和案例分析题（共5题，（一）、（二）、（三）题各20分，（四）、（五）题各30分）

（一）

背景资料：

某单位承建城镇主干道大修工程，道路全长2km，红线宽50m，路幅分配情况如图1所示。现状路面结构为40mm厚AC-13细粒式沥青混凝土上面层，60mm厚AC-20中粒式沥青混凝土中面层，80mm厚AC-25粗粒式沥青混凝土下面层。工程主要内容为：①对道路破损部位进行翻挖补强；②铣刨40mm的旧沥青混凝土上面层后，加铺40mm厚SMA-13沥青混凝土上面层。

接到任务后，项目部对现状道路进行综合调查，编制了施工组织设计和交通导行方案，并报监理单位及交通管理部门审批，导行方案如图2所示。因办理占道、挖掘等相关手续，实际开工日期比计划日期滞后2个月。

道路封闭施工过程中，发生如下事件：

事件1：项目部进场后对沉陷、坑槽等部位进行了翻挖探查，发现左幅基层存在大面积弹软现象，立即通知相关单位现场确定处理方案，拟采用400mm厚水泥稳定碎石分两层换填，并签字确认。

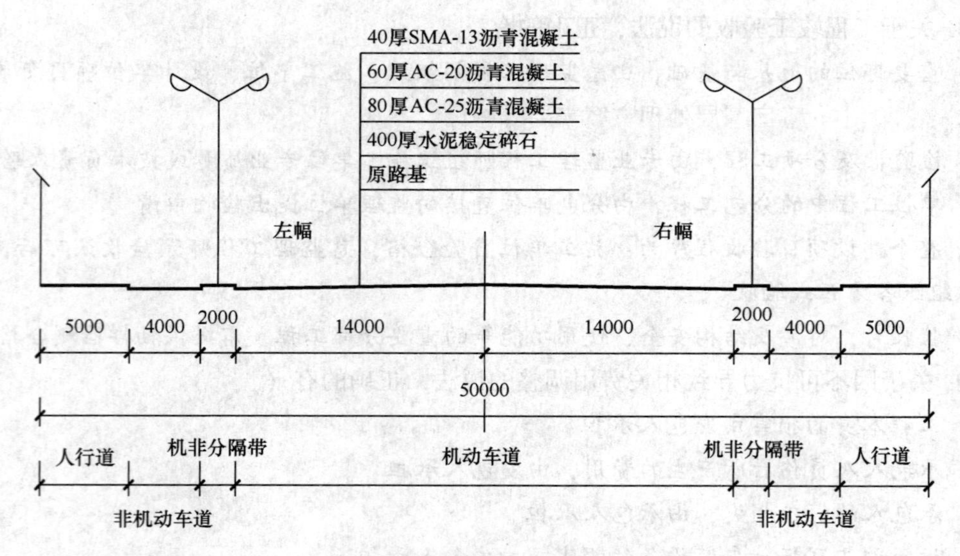

图 1　三幅路横断面图（单位：mm）

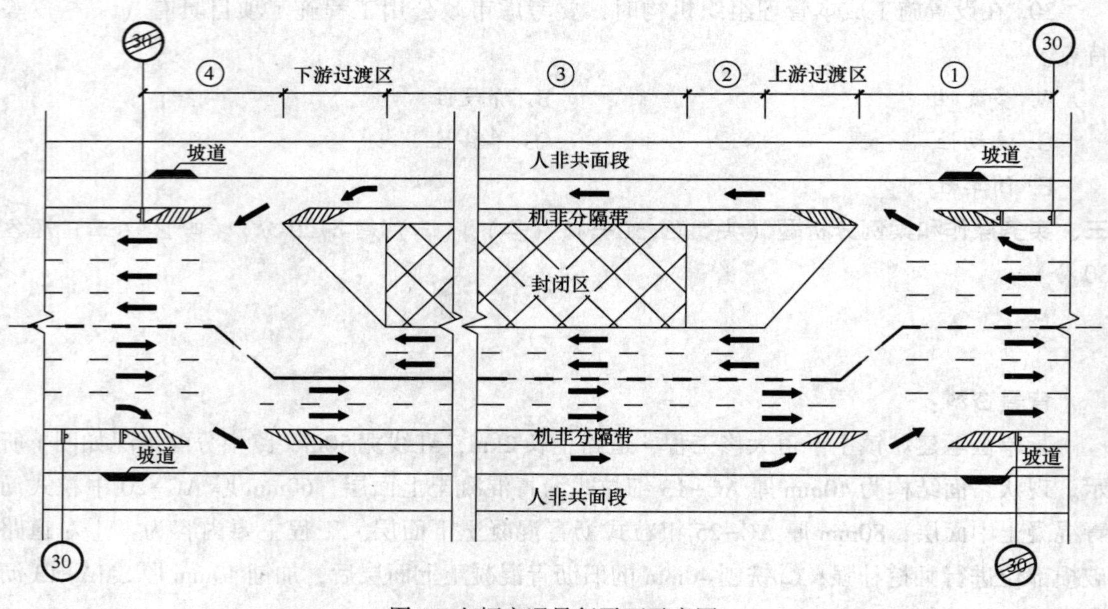

图 2　左幅交通导行平面示意图

事件 2：为保证工期，项目部集中力量迅速完成了水泥稳定碎石基层施工，监理单位组织验收结果为合格。项目部完成 AC-25 下面层施工后对纵向接缝进行简单清扫便开始摊铺 AC-20 中面层，最后转换交通进行右幅施工。由于右幅道路基层没有破损现象，考虑到工期紧，在沥青摊铺前对既有路面铣刨、修补后，项目部申请全路封闭施工，报告批准后开始进行上面层摊铺工作。

问题：

1. 交通导行方案还需要报哪个部门审批？
2. 根据交通导行平面示意图，请指图中①、②、③、④各为哪个疏导作业区？
3. 事件 1 中，确定基层处理方案需要哪些单位参加？
4. 事件 2 中，水泥稳定碎石基层检验与验收的主控项目有哪些？
5. 请指出沥青摊铺工作的不当之处，并给出正确做法。

（二）

背景资料：

某公司承建一项城市污水管道工程，管道全长 1.5km，采用 *DN*1200mm 的钢筋混凝土管，管道平均覆土深度约 6m。

考虑现场地质水文条件，项目部准备采用“拉森钢板桩+钢围檩+钢管支撑”的支护方式，沟槽支护情况如图 3 所示。

项目部编制了“沟槽支护、土方开挖”专项施工方案，经专家论证，因缺少降水专项方案被判定为“修改后通过”。项目部经计算补充了管井降水措施，方案获“通过”，项目进入施工阶段。

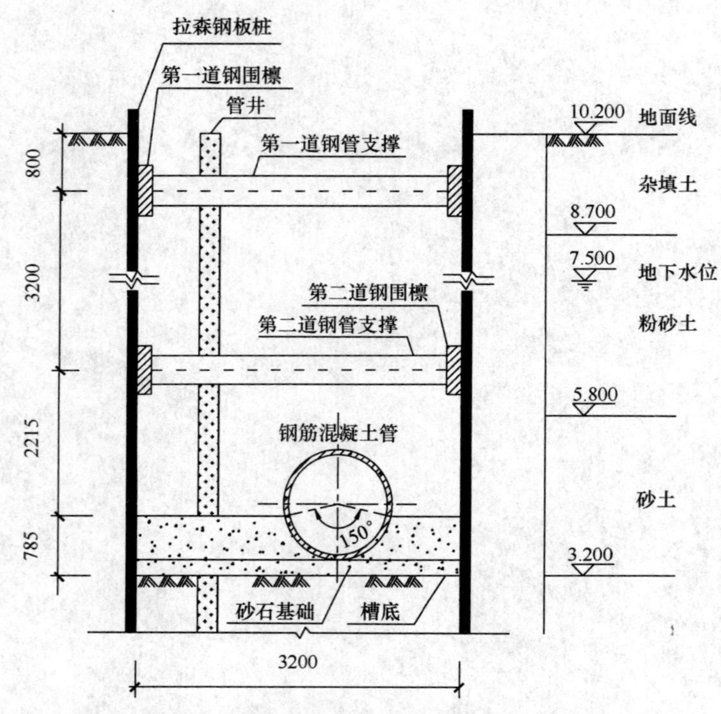

图 3　沟槽支护示意图（标高单位：m；尺寸单位：mm）

在沟槽开挖到槽底后进行了分项工程质量验收，槽底无水浸、扰动，槽底高程、中线、宽度符合设计要求。项目部认为沟槽开挖验收合格，拟开始后续垫层施工。

在完成下游 3 个井段管道安装及检查井砌筑后，抽取其中 1 个井段进行了闭水试验，实测渗水量为 0.0285L/（min·m）。［规范规定 *DN*1200mm 钢筋混凝土管合格渗水量不大于 43.30m^3/（24h·km）］

为加快施工进度，项目部拟增加现场作业人员。

问题：

1. 写出钢板桩围护方式的优点。

2. 管井成孔时是否需要泥浆护壁？写出滤管与孔壁间填充滤料的名称，写出确定滤管内径的因素是什么？

3. 写出项目部“沟槽开挖”分项工程质量验收中缺失的项目。

4. 列式计算该井段闭水试验渗水量结果是否合格？

5. 写出新进场工人上岗前应具备的条件。

（三）

背景资料：

某公司承建一座跨河城市桥梁。基础均采用 ϕ1500mm 钢筋混凝土钻孔灌注桩，设计为端承桩，桩底嵌入中风化岩层 2*D*（*D* 为桩基直径）；桩顶采用盖梁连结；盖梁高度为1200mm，顶面标高为20.000m。河床地层揭示依次为淤泥、淤泥质黏土、黏土、泥岩、强风化岩、中风化岩。

项目部编制的桩基施工方案明确如下内容：

（1）下部结构施工采用水上作业平台施工方案。水上作业平台结构为 ϕ600mm 钢管桩+型钢+人字钢板搭设。水上作业平台如图 4 所示。

（2）根据桩基设计类型及桥位水文、地质等情况，设备选用“2000 型”正循环回转钻机施工（另配牙轮钻头等），成桩方式未定。

（3）图 4 中 A 构件名称和使用的相关规定。

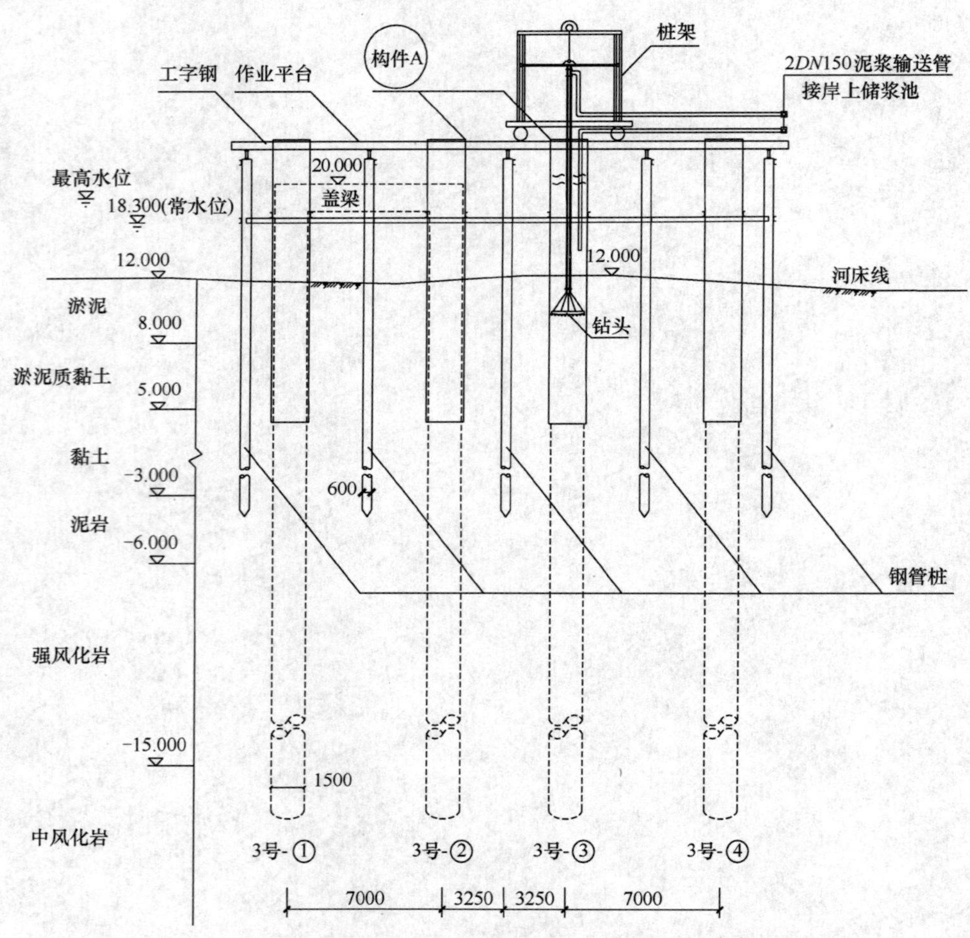

图 4　3 号墩水上作业平台及桩基施工横断面布置示意图

（标高单位：m；尺寸单位：mm）

（4）由于设计对孔底沉渣厚度未做具体要求，灌注水下混凝土前，进行二次清孔，当孔底沉渣厚度满足规范要求后，开始灌注水下混凝土。

问题：

1. 结合背景资料及图4，指出水上作业平台应设置哪些安全设施？

2. 施工方案（2）中，指出项目部选择钻机类型的理由及成桩方式。

3. 施工方案（3）中，所指构件A的名称是什么；构件A施工时需使用哪些机械配合；构件A应高出施工水位多少米？

4. 结合背景资料及图4，列式计算3号-①桩的桩长。

5. 在施工方案（4）中，指出孔底沉渣厚度的最大允许值。

（四）

背景资料：

某市为了交通发展，需修建一条双向快速环线（如图5所示），里程桩号为K0+000~K19+998.984。建设单位将该建设项目划分为10个标段，项目清单如表1所示，当年10月份进行招标，拟定工期为24个月，同时成立了管理公司，由其代建。

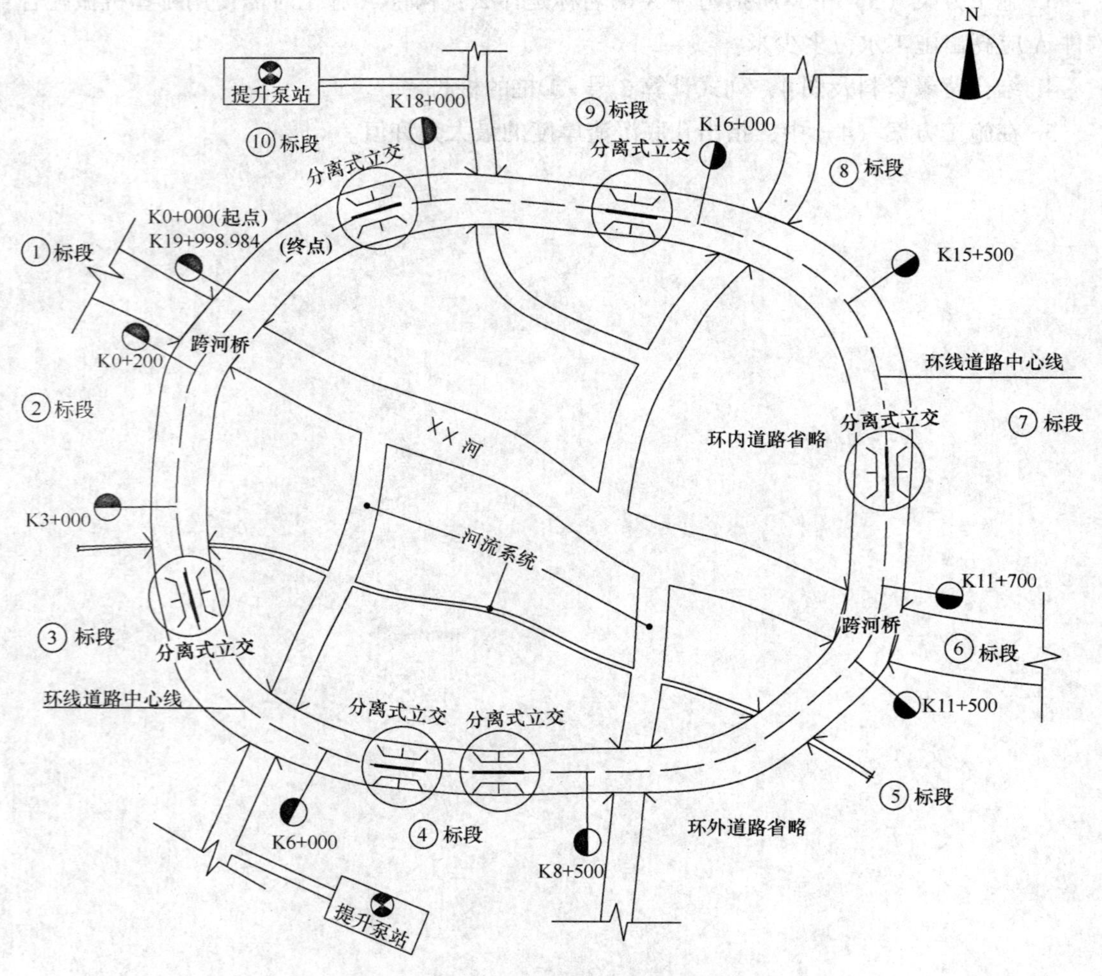

图5　某市双向快速环线平面示意图

表1　某市快速环路项目清单

标段号	里程桩号	项目内容
①	K0+000~K0+200	跨河桥
②	K0+200~K3+000	排水工程、道路工程
③	K3+000~K6+000	沿路跨河中小桥、分离式立交、排水工程、道路工程
④	K6+000~K8+500	提升泵站、分离式立交、排水工程、道路工程

续表

标段号	里程桩号	项目内容
⑤	K8+500~K11+500	[A]
⑥	K11+500~K11+700	跨河桥
⑦	K11+700~K15+500	分离式立交、排水工程、道路工程
⑧	K15+500~K16+000	沿路跨河中小桥、排水工程、道路工程
⑨	K16+000~K18+000	分离式立交、沿路跨河中小桥、排水工程、道路工程
⑩	K18+000~K19+998.984	分离式立交、提升泵站、排水工程、道路工程

各投标单位按要求中标后，管理公司召开设计交底会，与会的有设计、勘察、施工单位等。

开会时，有③、⑤标段的施工单位提出自己中标的项目中各有1座泄洪沟小桥的桥位将会制约相邻标段的通行，给施工带来不便，建议改为过路管涵，管理公司表示认同，并请设计单位出具变更通知单，施工现场采取封闭管理，按变更后的图纸组织现场施工。

③ 标段的施工单位向管理公司提交了施工进度计划横道图（如图6所示）。

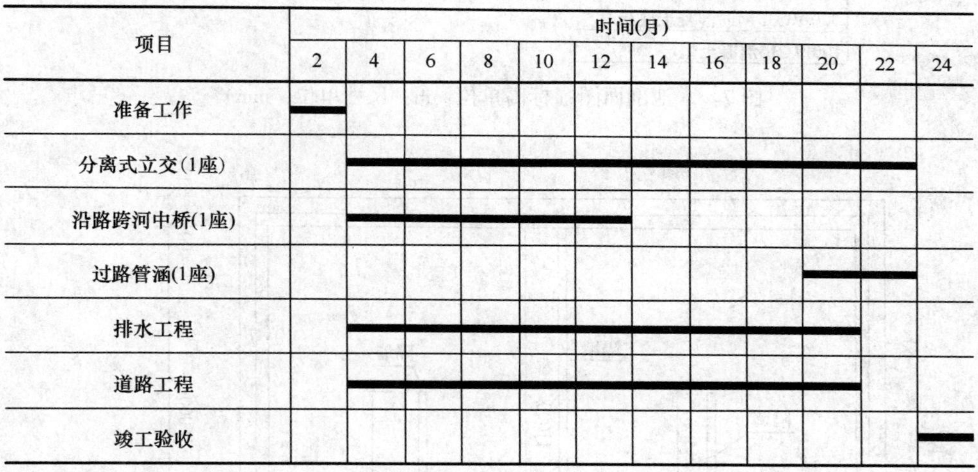

项目	时间(月)											
	2	4	6	8	10	12	14	16	18	20	22	24
准备工作	━											
分离式立交(1座)		━	━	━	━	━	━	━	━	━	━	
沿路跨河中桥(1座)		━	━	━	━	━						
过路管涵(1座)										━	━	
排水工程		━	━	━	━	━	━	━	━	━		
道路工程		━	━	━	━	━	━	━	━	━		
竣工验收												━

图6 ③标段施工进度计划横道图

问题：

1. 按表1所示，根据各项目特征，该建设项目有几个单位工程？写出其中⑤标段[A]的项目内容；⑩标段完成的长度为多少米？

2. 成立的管理公司担当哪个单位的职责，与会者还缺哪家单位？

3. ③、⑤标段的施工单位提出变更申请的理由是否合理；针对施工单位提出的变更设计申请，管理公司应如何处理；为保证现场封闭施工，施工单位最先完成与最后完成的工作是什么？

4. 写出③标段施工进度计划横道图中出现的不妥之处，应该怎样调整？

（五）

背景资料：

A 公司承建某地下水池工程，为现浇钢筋混凝土结构。混凝土设计强度等级为 C35，抗渗等级为 P8。水池结构内设有三道钢筋混凝土隔墙，顶板上设置有通气孔及人孔，水池结构如图 7、图 8 所示。

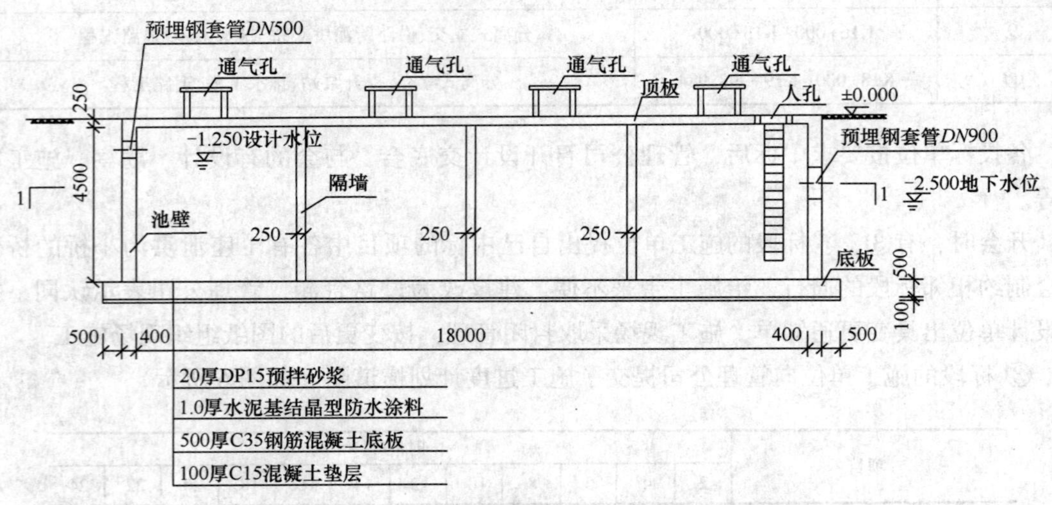

图 7　水池剖面图（标高单位：m；尺寸单位：mm）

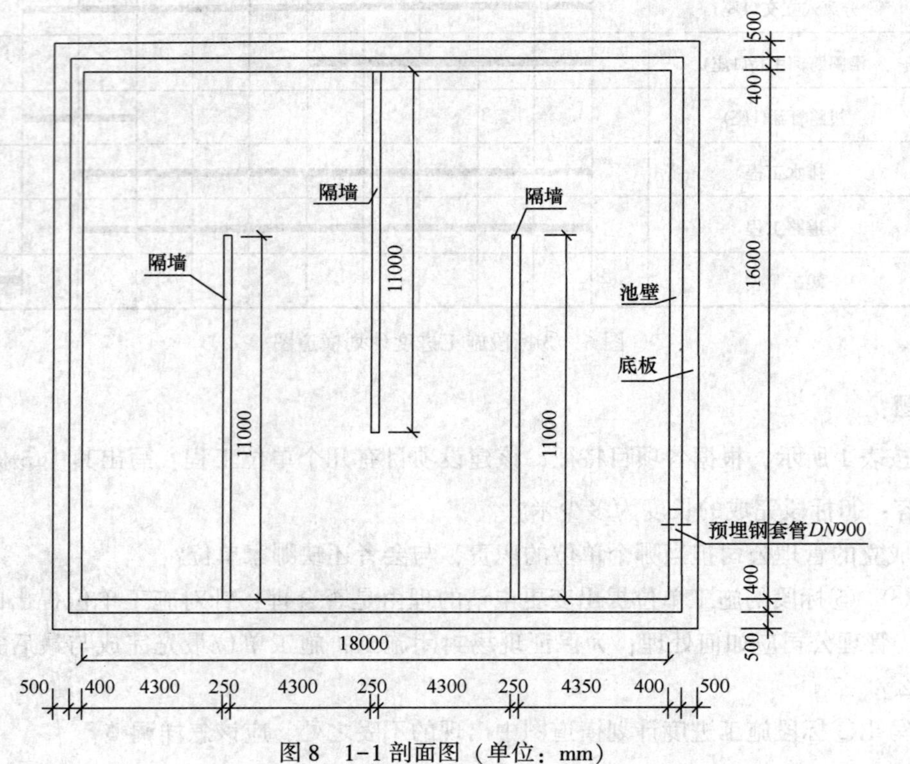

图 8　1-1 剖面图（单位：mm）

A 公司项目部将场区内降水工程分包给 B 公司。结构施工正值雨期，为满足施工开挖及结构抗浮要求，B 公司编制了降水排水方案，经项目部技术负责人审批后报送监理单位。

水池顶板混凝土采用支架整体现浇，项目部编制了顶板支架支拆施工方案，明确了拆除支架时混凝土强度、拆除安全措施，如设置上下爬梯、洞口防护等。

项目部计划在顶板模板拆除后，进行底板防水施工，然后再进行满水试验，被监理工程师制止。

项目部编制了水池满水试验方案，方案中对试验流程、试验前准备工作、注水过程、水位观测、质量、安全等内容进行了详细的描述，经审批后进行了满水试验。

问题：

1. B 公司方案报送审批流程是否正确？说明理由。

2. 请说明 B 公司降水注意事项、降水结束时间。

3. 项目部拆除顶板支架时混凝土强度应满足什么要求？请说明理由。请列举拆除支架时，还有哪些安全措施？

4. 请说明监理工程师制止项目部施工的理由。

5. 满水试验前，需要对哪个部位进行压力验算？水池注水过程中，项目部应关注哪些易渗漏水部位？除了对水位观测外，还应进行哪个项目观测？

6. 请说明满水试验水位观测时，水位测针的初读数与末读数的测读时间；计算池壁和池底的浸湿面积（单位：m^2）。

2020年度真题参考答案及解析

一、单项选择题

1. D；	2. B；	3. C；	4. A；	5. C；
6. D；	7. D；	8. B；	9. C；	10. B；
11. A；	12. B；	13. C；	14. B；	15. A；
16. C；	17. D；	18. B；	19. C；	20. A。

【解析】

1. D。本题考核的是沥青表面处治面层的特性。沥青表面处治面层主要起防水层、磨耗层、防滑层或改善碎（砾）石路面的作用，其集料最大粒径应与处治层厚度相匹配。

2. B。本题考核的是软土。淤泥、淤泥质土及天然强度低、压缩性高、透水性小的黏土统称为软土。

3. C。本题考核的是承压水。承压水存在于地下两个隔水层之间，具有一定的水头高度，一般需注意其向上的排泄，即对潜水和地表水的补给或以上升泉的形式出露。

4. A。本题考核的是沥青混合料面层压实成型与接缝。密级配沥青混凝土混合料复压宜优先采用重型轮胎压路机进行碾压，以增加密实性，其总质量不宜小于25t。相邻碾压带应重叠1/3~1/2轮宽。对粗集料为主的混合料，宜优先采用振动压路机复压。

5. C。本题考核的是钢筋现场绑扎应符合的规定。钢筋的交叉点应采用绑丝绑牢，必要时可辅以点焊。钢筋网的外围两行钢筋交叉点应全部扎牢，中间部分交叉点可间隔交错扎牢，但双向受力的钢筋网，钢筋交叉点必须全部扎牢。

6. D。本题考核的是桥梁支座。桥梁支座是连接桥梁上部结构和下部结构的重要结构部件，位于桥梁和垫石之间，它能将桥梁上部结构承受的荷载和变形（位移和转角）可靠地传递给桥梁下部结构，是桥梁的重要传力装置。桥梁支座的功能要求：首先支座必须具有足够的承载能力，以保证可靠地传递支座反力（竖向力和水平力）；其次支座对桥梁变形的约束应尽可能小，以适应梁体自由伸缩和转动的需要；另外支座还应便于安装、养护和维修，并在必要时可以进行更换。

7. D。本题考核的是装配式梁（板）构件的场内移运和存放。当构件多层叠放时，层与层之间应以垫木隔开，各层垫木的位置应设在设计规定的支点处，上下层垫木应在同一条竖直线上。

8. B。本题考核的是钢梁制造企业应向安装企业提供的文件。钢梁制造企业应向安装企业提供下列文件：(1)产品合格证；(2)钢材和其他材料质量证明书和检验报告；(3)施工图，拼装简图；(4)工厂高强度螺栓摩擦面抗滑移系数试验报告；(5)焊缝无损检验报告和焊缝重大修补记录；(6)产品试板的试验报告；(7)工厂试拼装记录；(8)杆件发运和包装清单。

9. C。本题考核的是柔性管道工程施工质量控制的关键。柔性管道的沟槽回填质量控制是柔性管道工程施工质量控制的关键。

10. B。本题考核的是地下连续墙的特点。地下连续墙的特点表现在：(1) 刚度大，开挖深度大，可适用于所有地层。(2) 强度大，变位小，隔水性好，同时可兼作主体结构的一部分。(3) 可邻近建筑物、构筑物使用，环境影响小。(4) 造价高。

11. A。本题考核的是盾构接收施工流程。盾构接收一般按下列程序进行：洞门凿除→接收基座的安装与固定→洞门密封安装→到达段掘进→盾构接收。

12. B。本题考核的是沉井下沉施工。

流动性土层开挖时，应保持井内水位高出井外水位不少于1m，故选项A错误。

选项C的正确表述是：大型沉井应进行结构变形和裂缝观测。

水下封底混凝土强度达到设计强度等级，沉井能满足抗浮要求时，方可将井内水抽除，故选项D错误。

13. C。本题考核的是水处理构筑物特点。水处理（调蓄）构筑物和泵房多数采用地下或半地下钢筋混凝土结构，特点是构件断面较薄，属于薄板或薄壳型结构，配筋率较高，具有较高抗渗性和良好的整体性要求。

14. B。本题考核的是给水排水构筑物施工。

砌体的沉降缝、变形缝、止水缝应位置准确、砌体平整、砌体垂直贯通，缝板、止水带安装正确，沉降缝、变形缝应与基础的沉降缝、变形缝贯通，故选项A错误。

砌筑应自两侧向拱中心对称进行，灰缝匀称，拱中心位置正确，灰缝砂浆饱满严密。反拱砌筑时根据样板挂线，先砌中心的一列砖、石，并找准高程后接砌两侧，故选项B正确。

砌筑时应同时安装踏步，故选项C错误。

选项D教材中没有原文，不过有施工常识的人都知道，预制拼装结构的特点是施工速度快，但绝大部分造价比较高，所以本题选项D错误。

15. A。本题考核的是供热管道连接要求。

管道支架处不得有焊缝，故选项B不符合题意。

管道环焊缝不得置于建筑物、闸井（或检查室）的墙壁或其他构筑物的结构中，管道穿过基础、墙体、楼板处，应安装套管，管道的焊口及保温接口不得置于墙壁中和套管中，套管与管道之间的空隙应用柔性材料填塞，故选项C、D不符合题意。

16. C。本题考核的是生活垃圾填埋场填埋区导排系统施工控制要点。导排层所用卵石 $CaCO_3$ 含量必须小于10%，防止年久钙化使导排层板结造成填埋区侧漏。

17. D。本题考核的是施工测量作用。竣工测量为市政公用工程设施的验收、运行管理及设施扩建改造提供了基础资料。

18. B。本题考核的是投标文件的组成。投标文件通常由商务部分、经济部分、技术部分等组成。其中的经济部分包括：(1) 投标报价；(2) 已标价的工程量；(3) 拟分包项目情况。

19. C。本题考核的是工程常见的风险种类。工程常见的风险种类有：（1）工程项目的技术、经济、法律等方面的风险；（2）业主资信风险；（3）外界环境的风险；（4）合同风险。水电供应、建材供应不能保证等属于外界环境的风险。

20. A。本题考核的是水池气密性试验的要求。需进行满水试验和气密性试验的池体，应在满水试验合格后，再进行气密性试验。比如消化池满水试验合格后，还应进行气密性试验。

二、多项选择题

21. B、D；　　22. A、C、E；　　23. A、B；

24. A、B、C、D；　　25. A、B、C；　　26. C、D；

27. A、B、C、E；　　28. B、D、E；　　29. A、C、D、E；

30. A、B、C。

21. B、D。本题考核的是沥青混合料结构类型。按级配原则构成的沥青混合料，其结构组成通常有下列三种形式：悬浮—密实结构；骨架—空隙结构；骨架—密实结构。其中的骨架—空隙结构的内摩擦角 φ 较高，但黏聚力 c 较低。沥青碎石混合料（AM）和 OGFC 排水沥青混合料是这种结构的典型代表。

22. A、C、E。本题考核的是再生沥青混合料性能试验指标。再生沥青混合料性能试验指标有：空隙率、矿料间隙率、饱和度、马歇尔稳定度、流值等。

23. A、B。本题考核的是桥梁伸缩缝的设置位置。为满足桥面变形的要求，通常在两梁端之间、梁端与桥台之间或桥梁的铰接位置上设置伸缩装置。

24. A、B、C、D。本题考核的是地铁车站的组成。地铁车站通常由车站主体（站台、站厅、设备用房、生活用房），出入口及通道，附属建筑物（通风道、风亭、冷却塔等）三大部分组成。

25. A、B、C。本题考核的是无粘结预应力施工。

每段无粘结预应力筋的计算长度应加入一个锚固肋宽度及两端张拉工作长度和锚具长度，故选项 D 错误。

选项 E 错在 50mm，正确应为 100mm。

26. C、D。本题考核的是燃气管道穿越构（建）筑物的规定。穿越铁路和高速公路的燃气管道，其外应加套管，并提高绝缘、防腐等级。

27. A、B、C、E。本题考核的是现浇钢筋混凝土结构施工技术。混凝土的浇筑应在模板和支架检验合格后进行。入模时应防止离析。连续浇筑时，每层浇筑高度应满足振捣密实的要求。预留孔、预埋管、预埋件及止水带等周边混凝土浇筑时，应辅助人工插捣。

28. B、D、E。本题考核的是工程竣工验收。

选项 A 错在“施工单位专业质量或技术负责人验收”，正确应为“施工单位项目负责人和项目技术、质量负责人等进行验收”。

单位工程中的分包工程完工后，分包单位应对所承包的工程项目进行自检，并应按标准规定的程序进行验收，验收时总包单位应派人参加，故选项 C 错误。

29. A、C、D、E。本题考核的是因不可抗力导致的相关费用调整。因不可抗力事件导致的费用，发、承包人双方应按以下原则分担并调整工程价款：（1）工程本身的损害、因工程损害导致第三方人员伤亡和财产损失以及运至施工现场用于施工的材料和待安装的设备的损害，由发包人承担；（2）发包人、承包人人员伤亡由其所在单位负责，并承担相应费用；（3）承包人施工机具设备的损坏及停工损失，由承包人承担；（4）停工期间，承包人应发包人要求留在施工现场的必要管理人员及保卫人员的费用，由发包人承担；（5）工程所需清理、修复费用，由发包人承担。

30. A、B、C。本题考核的是施工成本管理组织机构设置应符合的要求。市政公用工程施工项目具有多变性、流动性、阶段性等特点。

三、实务操作和案例分析题

（一）

1. 交通导行方案还需报道路管理部门批准。

2. 在交通导行平面示意图中，①——警告区；②——缓冲区；③——作业区（或工作区）；④——终止区。

3. 事件1中，确定基层处理方案需要监理单位、设计（勘察）单位参加。

4. 事件2中，水泥稳定碎石基层检验与验收的主控项目包括原材料、压实度、7d无侧限抗压强度。

5. 不妥之处：完成AC-25下面层施工后对纵向接缝进行了简单清扫便开始摊铺AC-20中面层。

正确做法：左幅施工采用冷接缝时，将右幅的沥青混凝土毛槎切齐，接缝处涂刷粘层油再铺新料，上面层摊铺前纵向接缝处铺设土工格栅、土工布、玻纤网等土工织物。

（二）

1. 钢板桩围护方式的优点：强度高，桩与桩之间的连接紧密，隔水效果好，具有施工灵活、板桩可重复使用等优点。

2. 管井成孔时需要泥浆护壁。

滤管与孔壁间填充滤料的名称：磨圆度好的硬质岩石成分的圆砾。

确定滤管内径的因素是水泵规格。

3. 项目部“沟槽开挖”分项工程质量验收中缺失的项目：地基承载力。

4. 试验渗水量计算：

$43.30m^3/(24h \cdot km) = 43.30/(24 \times 60) = 0.030L/(min \cdot m)$；

$0.0285L/(min \cdot m) < 0.030L/(min \cdot m)$。

实测渗水量小于合格渗水量，因此该井段闭水试验渗水量合格。

5. 新进场工人上岗前应具备的条件：

（1）实名制平台登记。

（2）签订劳动合同。

（3）进行岗前教育培训。

（4）特殊工种需持证上岗。

（三）

1. 水上作业平台应设置的安全设施有警示标志（牌）、周边设置护栏、孔口防护（孔口加盖）措施、救生衣、救生圈。

2. 选择钻机类型的理由：持力层为中风化岩层，正循环回转钻机能满足现场地质钻进要求。

成桩方式：泥浆护壁成孔桩。

3. 施工方案（3）中，构件 A 的名称是钢护筒；

构件 A 施工时需使用的机械是：起重机（吊装机械）、振动锤；

构件 A 应高出施工水位 2m。

4. 桩顶标高：20. 000−1. 2＝18. 800m；

桩底标高：−15. 000−2×1. 5＝−18. 000m；

桩长：18. 800−(−18. 000)＝36. 8m。

5. 孔底沉渣厚度的最大允许值为 100mm。

（四）

1. 该建设项目有 10 个单位工程。

⑤ 标段[A]的项目内容有：沿路跨河中小桥、排水工程、道路工程。

⑩ 标段完成的长度为：19998. 984−18000＝1998. 984m。

2. 成立的管理公司担当建设单位的职责。

与会者还缺监理单位的人。

3. ③、⑤标段的施工单位提出变更申请的理由合理。

针对施工单位提出的变更设计申请，应由监理单位审查后，报管理公司（建设单位）签认（审批），再由设计单位出具设计变更。

最先完成的工作：施工围挡安装；最后完成的工作：施工围挡拆除。

4. 不妥之处一：过路管涵竣工在道路工程竣工后。

调整：过路管涵在排水工程之前竣工。

不妥之处二：排水工程与道路工程同步竣工。

调整：排水工程在道路工程之前竣工。

（五）

1. B 公司方案报送审批流程不正确。

理由：应由 A、B 公司的技术负责人审批、加盖单位公章后送审。

2. 考虑到施工中构筑物抗浮要求，B 公司降水排水不能间断，构筑物具备抗浮条件时方可停止降水。

3. 顶板混凝土强度应达到设计强度的100%。

理由：顶板跨度大于8m，支架拆除时，强度须达到设计强度的100%。

拆除支架时的安全措施还有：边界设置警示标志；专人值守；拆除人员佩戴安全防护用品；由上而下逐层拆除；严禁抛掷模板、杆件等；分类码放。

4. 监理工程师制止项目部施工的理由：现浇钢筋混凝土水池应在满水试验合格后方能进行防水施工。

5. 满水试验前，需要对预埋钢套管临时封堵部位进行压力验算。

水池注水过程中，项目部应关注预埋钢套管（预留孔）、池壁底部施工缝部位、闸门。

除了对水位观测外，还应进行水池沉降量观测。

6. 初读数：注水至设计水深24h后；末读数：初读数后间隔不少于24h后。

池壁浸湿面积：$(18+16)\times2\times3.5=238m^2$；

池底浸湿面积：$18\times16-11\times0.25\times3=288-8.25=279.75m^2$。

《市政公用工程管理与实务》

考前冲刺试卷（一）及解析

学习遇到问题？
扫码在线答疑

《市政公用工程管理与实务》考前冲刺试卷（一）

一、单项选择题（共20题，每题1分。每题的备选项中，只有1个最符合题意）

1. 关于石灰粉煤灰稳定碎石混合料基层施工的说法，错误的是（　　）。

A. 可用薄层贴补的方法进行找平　　B. 采用先轻型、后重型压路机碾压

C. 混合料每层最大压实厚度为200mm　　D. 混合料可采用沥青乳液进行养护

2. 采用滑模摊铺机摊铺水泥混凝土路面时，如混凝土坍落度较大，应采取（　　）。

A. 高频振动，低速度摊铺　　B. 高频振动，高速度摊铺

C. 低频振动，低速度摊铺　　D. 低频振动，高速度摊铺

3. 桥跨结构相邻两个支座中心之间的距离称为（　　）。

A. 净跨径　　B. 计算跨径

C. 单孔跨径　　D. 标准跨径

4. 下列关于柱式墩台施工的说法，正确的是（　　）。

A. V形墩柱应先浇筑一侧分支

B. 有系梁时，应先浇筑完柱再进行系梁浇筑

C. 混凝土管柱外模应设斜撑

D. 悬臂梁从中间向悬臂端开始顺序卸落

5. 钢梁安装时，高强度螺栓施拧应采用的顺序为（　　）。

A. 由中央向外　　B. 由外向中央

C. 由上向下　　D. 由下向上

6. 关于悬索桥桥面系加劲梁施工的说法，错误的是（　　）。

A. 板件、部件及节段组装应在专用平台或胎架上进行，使用专用夹具或马板进行固定，并按工艺要求施放余量或补偿量

B. 加劲梁应按拼装图进行厂内试拼装，试拼不少于两个节段，按架梁顺序进行试拼装

C. 加劲梁安装宜从中跨跨中对称地向索塔方向进行

D. 当节段吊装超过一定数量时，跨中段的挠度曲线趋于平缓，接近设计要求，此时可对该接头进行定位焊

7. 关于桥梁工程雨期施工措施的说法，错误的是（　　）。

A. 雨期施工桥面系时，工作面不宜过小，宜逐段、分片、分期施工

B. 应提前准备必要的防洪抢险器材、机具及遮盖材料，对水泥、钢材等工程材料应有防雨防潮等措施

C. 新浇筑的混凝土在终凝前，不得遭受雨淋

D. 雨期进行基坑开挖时，应设挡水埂，防止地面水流入；基坑内应设集水井，并应配备足够的抽（排）水设备

8. 盾构隧道通常采用的衬砌结构形式是（　　）。

A. 喷锚支护　　B. 模筑钢筋混凝土

C. 钢筋混凝土管环　　D. 钢筋混凝土管片

9. 在砂土地层中，降水深度不受限制的降水方法是（　　）。

A. 潜埋井　　B. 管井

C. 喷射井点　　D. 真空井点

10. 关于水池满水试验的说法，正确的是（　　）。

A. 注水宜分三次进行，施工缝处不用考虑

B. 注水速度每天不超过 2m，相邻两次注水间隔不小于 24h

C. 注满水立即读取初读数，24h 后读取末读数

D. 渗水量按池壁（含内隔墙）和底板浸湿面积计算，钢筋混凝土水池不得超过 $3L/(m^2 \cdot d)$

11. 燃气管道采用水平定向钻施工时，淤泥质黏土适用（　　）。

A. 镶焊硬质合金，中等尺寸弯接头钻头　　B. 小锥形掌面的铲形钻头

C. 较大掌面的铲形钻头　　D. 中等掌面的铲形钻头

12. 在聚乙烯燃气管道敷设时，以下管道走向敷设警示标志的顺序，由下至上正确的是（　　）。

A. 保护板→警示带→示踪线→地面标识

B. 示踪线→警示带→保护板一地面标识

C. 示踪线→保护板→警示带→地面标识

D. 警示带→保护板→示踪线→地面标识

13. 垃圾填埋场封场工程的内容不包括（　　）。

A. 地表水径流与排水系统的设置　　B. 填埋气体的持续收集与处理

C. 周边山体边坡的绿化与美化　　D. 渗沥液收集与处理系统的建立

14. 雨水渗透设施分表面渗透和埋地渗透两大类。其中，属于埋地渗透设施的是（　　）。

A. 透水铺装　　B. 下沉式绿地

C. 渗透塘　　D. 渗井

15. 采用水准仪测量井顶高程时，后视尺置于已知高程 3. 440m 的读数为 1. 360m，为保证设计井顶高程 3. 560m，则前视尺的读数应为（　　）m。

A. 1. 000　　B. 1. 140

C. 1.240　　　　D. 2.200

16. 下列基坑工程监测项目中，属于一级基坑应测的项目是（　　）。

A. 孔隙水压力　　　　B. 支护桩（墙）侧向土压力

C. 边坡顶水平位移　　　　D. 立柱结构应力

17. 工程总承包单位承担建设项目工程总承包，宜采用（　　）管理。

A. 直线式　　　　B. 矩阵式

C. 职能式　　　　D. 直线职能式

18. 关于施工安全技术交底的说法，正确的是（　　）。

A. 施工时，编制人员可向管理人员进行交底

B. 现场管理人员可根据施工方案向作业人员进行交底

C. 仅由交底人进行签字确认即可

D. 作业人员应在施工中进行交底

19. 关于工程施工电子招标投标的说法，错误的是（　　）。

A. 投标单位可从网上下载招标文件

B. 招标单位不需组织现场踏勘

C. 投标单位在网上提交投标文件

D. 投标单位不需提交投标保证金

20. 建筑材料采购合同中约定供货方负责送货的，交货日期应以（　　）为准。

A. 供货方发货戳记的日期

B. 采购方收货戳记的日期

C. 合同约定的提货日期

D. 承运单位签发的日期

二、多项选择题（共10题，每题2分。每题的备选项中，有2个或2个以上符合题意，至少有1个错项。错选，本题不得分；少选，所选的每个选项得0.5分）

21. 下列关于沥青路面说法，正确的有（　　）。

A. 垫层宜采用砂、砂砾等颗粒材料　　　　B. 基层可采用刚性、半刚性或柔性材料

C. 基层应具有抗冻性　　　　D. 沥青路面应具有较高的温度敏感性

E. 沥青路面应具有较大的摩擦系数

22. 土工布在道路工程中的用处有（　　）。

A. 过滤与排水　　　　B. 路基防护

C. 方便植草　　　　D. 台背填土加筋

E. 路堤加筋

23. 下列挡土墙结构类型中，主要依据靠墙踵板的填土重量维持挡土构筑物稳定的有（　　）。

A. 仰斜式挡土墙　　　　B. 俯斜式挡土墙

C. 衡重式挡土墙　　　　D. 钢筋混凝土悬臂式挡土墙

E. 钢筋混凝土扶壁式挡土墙

24. 跨线桥现浇箱梁采用支架法施工时，计算底模强度需考虑的荷载包括(   )及其他可能产生的荷载。

A. 模板自重

B. 钢筋混凝土自重力

C. 施工人员、机具等荷载

D. 倾倒混凝土时产生的水平向冲击荷载

E. 振捣混凝土时的荷载

25. 关于先简支后连续梁的安装，以下做法正确的有（   ）。

A. 临时支座顶面的相对高差不应大于 2mm

B. 湿接头混凝土应在一联梁的全部安装完成后方可浇筑，且必须一次完成全部湿接头的浇筑

C. 湿接头处的梁端应凿毛处理，以满足施工缝的要求，并且永久支座应在设置湿接头底模之前安装

D. 湿接头混凝土的养护时间至少为 14d，并应选择在一天中气温较高的时段进行浇筑

E. 湿接头按设计要求施加预应力并完成孔道压浆后，待浆体达到强度应立即拆除临时支座，并按设计要求完成体系转换

26. 斜拉桥施工监测时，变形监测项目包括（   ）。

A. 拉索索力

B. 支座反力

C. 高程

D. 轴线偏差

E. 主梁线形

27. 联络通道是设置在两条地铁隧道之间的横向通道，其功能有（   ）。

A. 消防

B. 通信

C. 排水

D. 疏散

E. 防火

28. 下列施工工序中，属于无粘结预应力施工工序的有（   ）。

A. 预留管道

B. 安装锚具

C. 张拉

D. 压浆

E. 封锚混凝土

29. 下列关于综合管廊断面布置的说法，正确的有（   ）。

A. 热力管道与电力电缆同舱敷设

B. 天然气管道应独立舱室敷设

C. 110kV 及以上电力电缆与通信电缆同侧布置

D. 给水管道与热力管道同侧布置，给水管道布置在下方

E. 污水管道宜布置在综合管廊底部

30. 关于沥青路面病害中剥落处理的说法，正确的有（   ）。

A. 沥青面层因贫油出现的轻微麻面，应将松散部分全部挖除，重铺面层，或应按 0.8~1.0kg/m^2 的用量喷洒沥青，撒布石屑或粗砂进行处治

B. 已成松散状态的面层，可在高温季节撒布适当的沥青嵌缝料处治

C. 大面积麻面应喷洒沥青，并应撒布适当粒径的嵌缝料处治，或重设面层

D. 对于封层脱皮，应清除已脱落和松动的部分，再重新做上封层

E. 沥青面层层间产生脱皮，应将脱落及松动部分清除，在下层沥青面上涂刷粘层油，并应重铺沥青层

三、实务操作和案例分析题（共5题，（一）、（二）、（三）题各20分，（四）、（五）题各30分）

（一）

背景资料：

某施工单位中标承接城市更新老旧小区改造项目，对小区现状情况调查如下：车行道水泥混凝土路面多处出现龟裂；人行道局部缺损，多处下沉；排水管道淤塞不畅，道路雨后多处积水；绿地植被损毁严重。主要改造内容如下：现状水泥混凝土路面加铺一层沥青砂面层，对加铺的沥青砂采用了环保材料 WAC-13（见图1左所示车行道断面）；人行道整体翻挖，基础处理后按小区改造要求进行透水铺装（见图1右所示人行道断面）；管道疏通、CCTV 检查后，对管道内接口脱开、管顶坍塌部分作出局部开挖换管处理，积水严重路段共增设 *D*250 雨水支管3条，接入雨水干管；绿地翻新，道路周边绿地改造为海绵绿地，设置了植草沟形式的雨水收集系统。

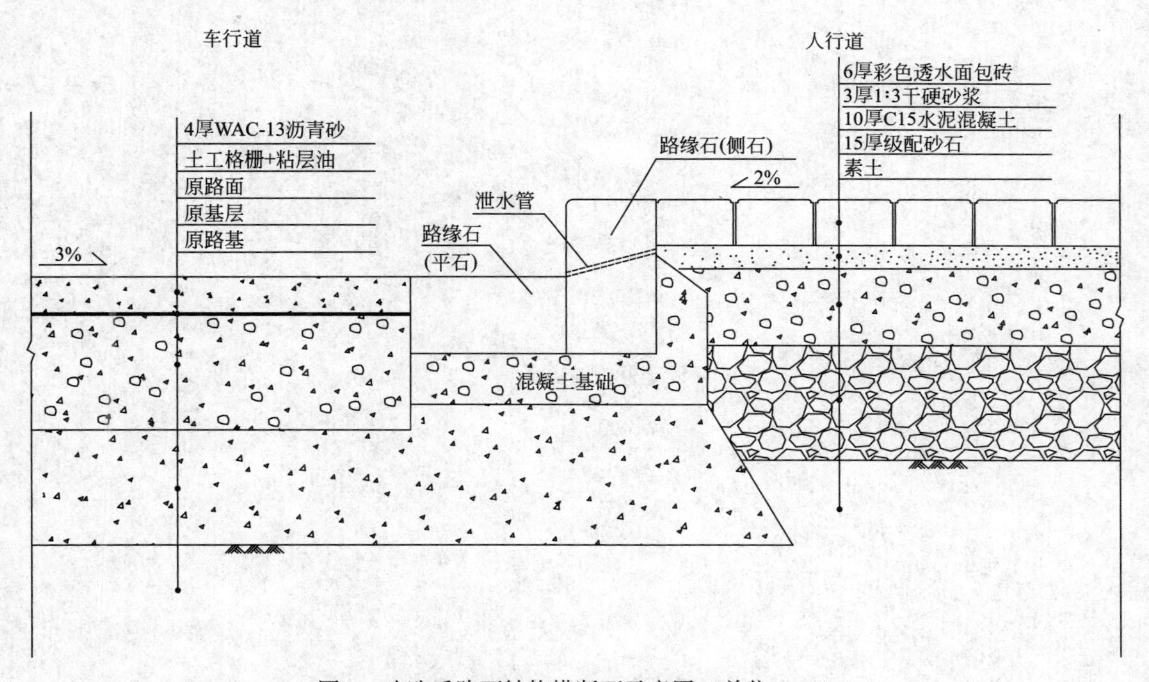

图1　改造后路面结构横断面示意图（单位：cm）

项目部为减少施工对居民的影响，编制了环境保护施工方案。其中包括水土污染控制、有害气体排放控制、噪声防治等内容。

增设的雨水支管沟槽开挖深度为1.2~1.5m，开挖范围内土质为杂填土，为克服现场施工面狭窄困难，方案中采用直槽开挖方式施工。

问题：

1. 图1左中所示车行道面层所用环保材料WAC-13沥青砂有哪些施工优点？

2. 图1右中所示人行道铺装结构就其功能而言属于何种形式透水铺装？简述其工作原理。

3. 在海绵城市建设中，植草沟有哪些主要功能和作用？

4. 环境保护方案中还应包含哪些内容？

5. 在保证安全的前提下，充分考虑经济性，该项目中雨水支管沟槽开挖可采用何种支护材料进行支护？

（二）

背景资料：

某公司承建一项管道工程，长度350m，管径2.4m，管道为钢筋混凝土管，采用土压平衡式顶管机，配备200t×4千斤顶，单向顶进方式。根据现场条件和设计要求确定了工作井位置。工作井采用现浇钢筋混凝土沉井结构。邻近新建管位的既有建筑和其他管线不在拆迁范围。管道顶进纵断面如图2所示。

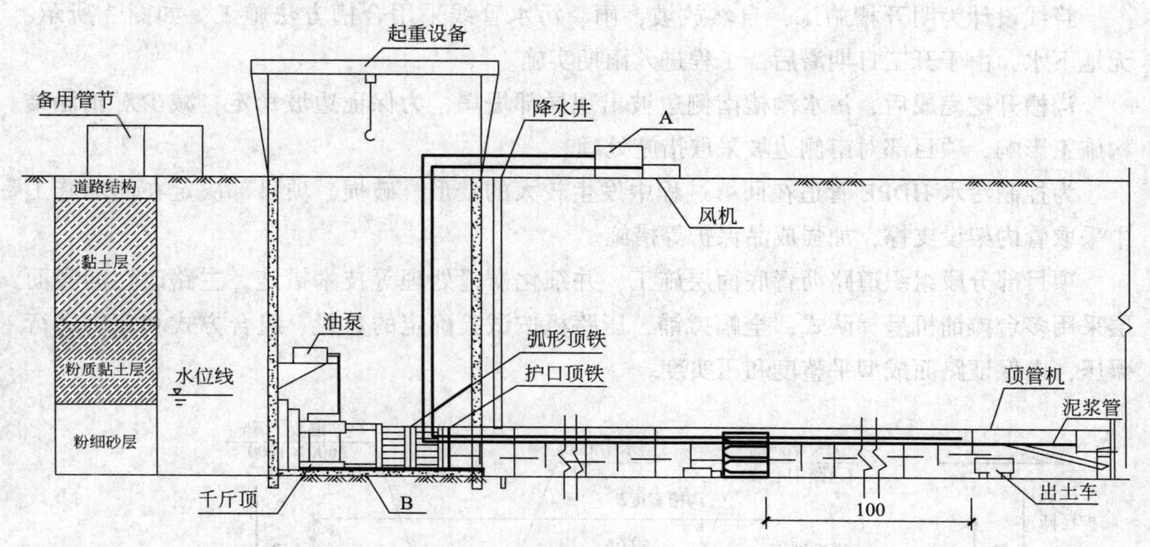

图2　管道顶进纵断面示意图（单位：m）

在项目部编制的施工组织设计中，针对本工程的特点和难点，制定了措施：

（1）为解决顶距长、阻力大带来的顶进困难，拟更换较大顶力的千斤顶力。

（2）为防止顶进过程遇软弱土层时管节漂移，加强管道轴线测量，及时调整顶管机的机头方向。

（3）在顶进过程中当管线偏移量达到允许偏差值时，应进行纠偏。

（4）在顶进过程中应对周边环境进行监测。

该施工组织设计报单位技术负责人审批，未通过。单位技术负责人对施工组织设计中的三项措施提出修改意见。

问题：

1. 写出图2中A、B的名称。
2. 工作井的井位宜布置在上游还是下游？写出原因。
3. 简述工作井开挖与支护要求。
4. 写出顶进过程中，对周边环境需监测的内容。
5. 修改项目部制定的三项技术措施中不正确之处。

（三）

背景资料：

某公司承建某城市道路综合市政改造工程，总长 2.17km，道路横断面为三幅路形式，主路机动车道为改性沥青混凝土面层，宽度 18m，同期敷设雨水、污水等管线。污水干线采用 HDPE 双臂波纹管，管道直径 D 为 600～1000mm，雨水干线为 3600mm×1800mm 钢筋混凝土箱涵，底板、围墙结构厚度均为 300mm。

管线设计为明开槽施工，自然放坡，雨、污水管线采用合槽方法施工，如图 3 所示，无地下水，由于开工日期滞后，工程进入雨期实施。

沟槽开挖完成后，污水沟槽南侧边坡出现局部坍塌，为保证边坡稳定，减少对箱涵结构施工影响，项目部对南侧边坡采取措施处理。

为控制污水 HDPE 管道在回填过程中发生较大的变形、破损，项目部决定在回填施工中采取管内架设支撑，加强成品保护等措施。

项目部分段组织道路沥青底面层施工，并细化横缝处理等技术措施，主路改性沥青面层采用多台摊铺机呈梯队式，全幅摊铺，压路机按试验确定的数量、组合方式和速度进行碾压，以保证路面成型平整度和压实度。

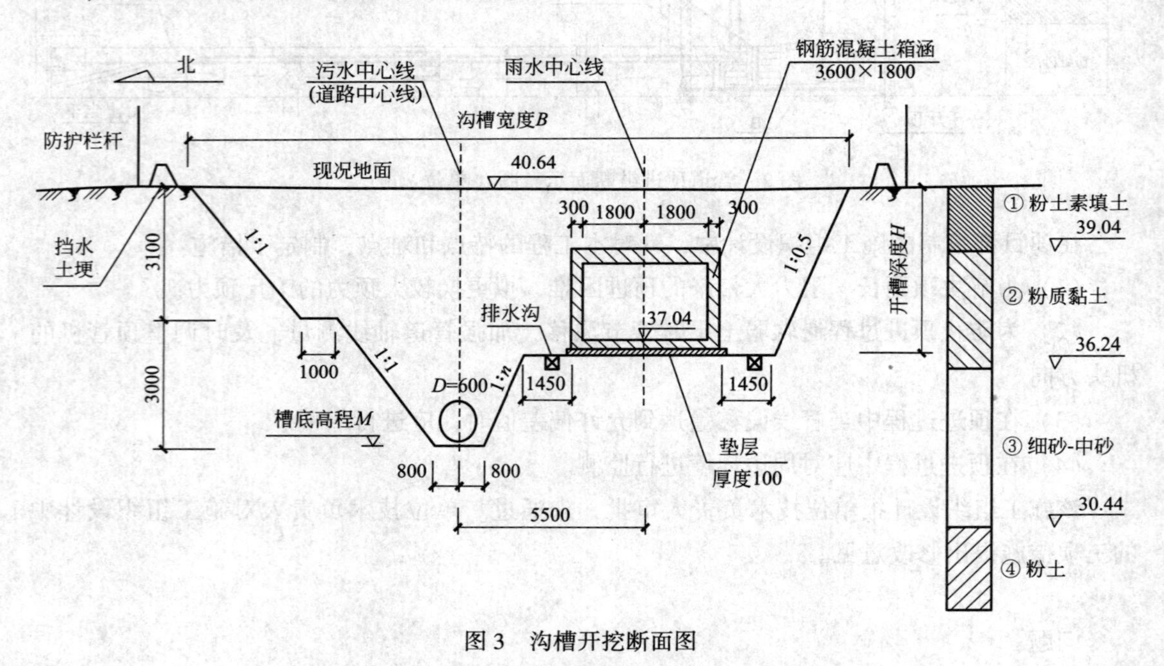

图 3　沟槽开挖断面图

（高程单位：m，尺寸单位：mm）

问题：

1. 根据图 3，列式计算雨水管道开槽深度 H、污水管道槽底高程 M 和沟槽宽度 B（单位为 m）。

2. 根据图 3，指出污水沟槽南侧边坡的主要地层，并列式计算其边坡坡度中的 n 值

（保留小数点后 2 位）。

3. 试分析该污水沟槽南侧边坡坍塌的可能原因？并列出可采取的边坡处理措施。

4. 为控制 HDPE 管道变形，项目部在回填中还应采取哪些技术措施？

5. 试述沥青底面层横缝处理措施。试述改性沥青面层振动压实还应注意遵循哪些原则？

（四）

背景资料：

某城市环境提升改造工程，新建污水管线采用 D1200mm 钢筋混凝土管，埋深 8～9m，顶管敷设工作井采用钢筋混凝土圆形沉井，内径 6.0m，地层包括杂填土、黏质粉土、粉细砂和粉质黏土，地下水丰富，沉井结构如图 4 所示。

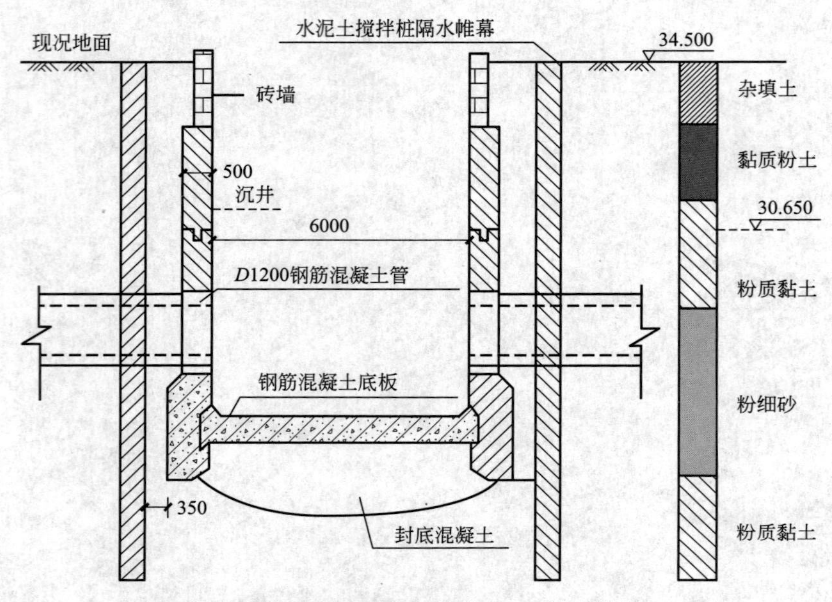

图 4　沉井结构示意图（高程单位：m；尺寸单位：mm）

为保证邻近建筑物安全，沉井周边设置水泥土搅拌桩隔水帷幕，水泥土搅拌桩施工工艺流程为：场地平整→A→预先钻进至设计标高→边提升边搅拌边喷粉至预定停浆面→B→提升搅拌喷粉至预定停浆面。沉井内设置管井，采取排水下沉方法施工，开挖过程中基底出现局部大量渗水，经处理后继续下沉施工。

项目部编制了顶管工程专项施工方案，方案中根据工程特点并结合公司现有的土压平衡顶管机、泥水平衡顶管机进行设备选型，沉井完成后，安装顶管机和相关顶进设施，经调试合格后开始顶管施工。

问题：

1. 给出水泥土搅拌桩施工工艺流程中 A、B 的内容。
2. 根据图 4，列式计算地下水埋深（单位 m，计算结果保留小数点后两位）。
3. 试述沉井基底大量渗水未及时处理可能产生的风险。
4. 根据工程特点项目部应选用哪种类型的顶管机？
5. 指出沉井内应安装哪些主要顶进设施。

（五）

背景资料：

某公司承建一座城市桥梁工程。该桥跨越山区季节性流水沟谷，上部结构为三跨式钢筋混凝土结构，重力式U形桥台，基础均采用扩大基础；桥面铺装自下而上为8cm厚钢筋混凝土整平层+防水层+粘层+7cm厚沥青混凝土面层；桥面设计高程为99.630m。桥梁立面布置如图5所示。

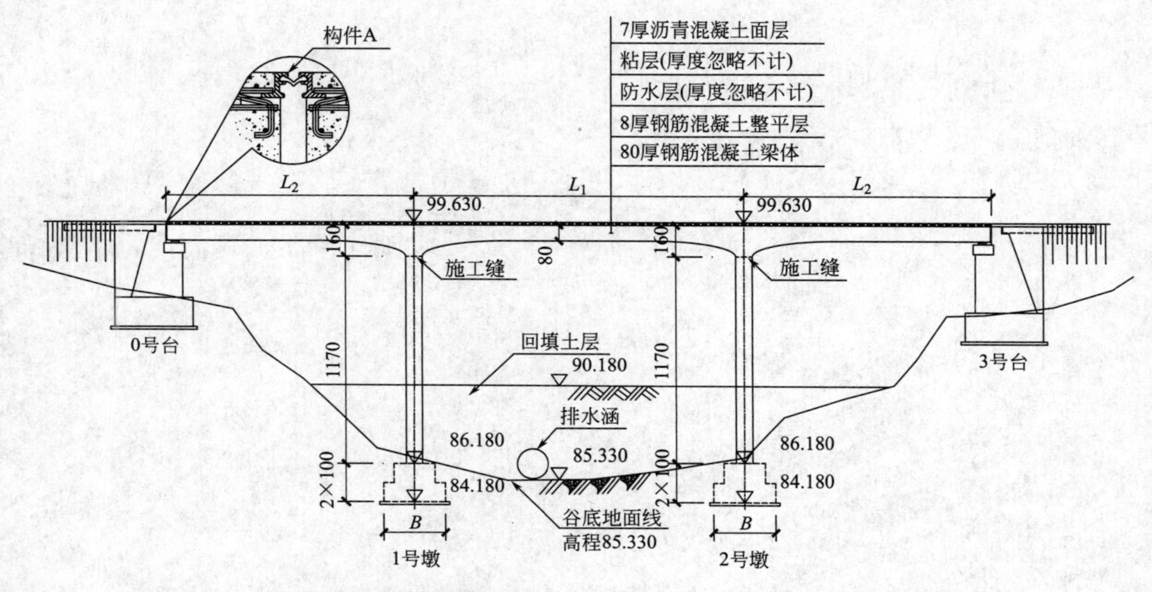

图5　桥梁立面布置示意图（高程单位：m；尺寸单位：cm）

项目部编制的施工方案有如下内容：

（1）根据该桥结构特点，施工时，在墩柱与上部结构衔接处（即梁底曲面变弯处）设置施工缝。

（2）上部结构采用碗扣式钢管满堂支架施工方案。根据现场地形特点及施工便道布置情况，采用杂土对沟谷一次性进行回填，回填后经整平碾压，场地高程为90.180m，并在其上进行支架搭设施工，支架立柱放置于20cm×20cm楞木上。支架搭设完成后采用土袋进行堆载预压。

支架搭设完成后，项目部立即按施工方案要求的预压荷载对支架采用土袋进行堆载预压，期间遇较长时间大雨，场地积水。项目部对支架预压情况进行连续监测，数据显示各点的沉降量均超过规范规定，导致预压失败。此后，项目部采取了相应整改措施，并严格按规范规定重新开展支架施工与预压工作。

问题：

1. 写出图5中构件A的名称。

2. 根据图5判断，按桥梁结构特点，该桥梁属于哪种类型？简述该类型桥梁的主要受力特点。

3. 施工方案（1）中，在浇筑桥梁上部结构时，施工缝应如何处理？

4. 根据施工方案（2），列式计算桥梁上部结构施工时应搭设满堂支架的最大高度；根据计算结果，该支架施工方案是否需要组织专家论证？说明理由。

5. 试分析项目部支架预压失败的可能原因？

6. 项目部应采取哪些措施才能顺利地使支架预压成功？

考前冲刺试卷（一）参考答案及解析

一、单项选择题

1. A；	2. D；	3. B；	4. C；	5. A；
6. B；	7. A；	8. D；	9. B；	10. B；
11. C；	12. B；	13. C；	14. D；	15. C；
16. C；	17. B；	18. B；	19. D；	20. B。

【解析】

1. A。本题考核的是石灰粉煤灰稳定碎石混合料基层施工技术要求。石灰粉煤灰稳定碎石混合料基层的压实与养护要求：

（1）每层最大压实厚度为200mm，且不宜小于100mm，因此C选项正确。

（2）碾压时采用先轻型、后重型压路机碾压，宜在当天碾压成型，因此B选项正确。

（3）禁止用薄层贴补的方法进行找平，因此A选项错误。

（4）混合料的养护采用湿养，始终保持表面潮湿，也可采用沥青乳液和沥青下封层进行养护，养护期视季节而定，常温下不宜小于7d，因此D选项正确。

2. D。本题考核的是水泥混凝土路面的摊铺与振动。水泥混凝土路面采用滑模摊铺机摊铺时，对于混凝土坍落度大的，应低频振动，高速度摊铺。

3. B。本题考核的是计算跨径的定义。计算跨径：对于具有支座的桥梁，是指桥跨结构相邻两个支座中心之间的距离；对于拱式桥，是指两相邻拱脚截面形心点之间的水平距离，即拱轴线两端点之间的水平距离。

4. C。本题考核的是柱式墩台施工。

A选项错误，V形墩柱混凝土应对称浇筑。

B选项错误，柱身高度内有系梁连接时，系梁应与柱同步浇筑。

C选项正确，混凝土管柱外模应设斜撑，保证浇筑时的稳定。

D选项错误，悬臂梁从悬臂端向中间开始顺序卸落。

5. A。本题考核的是钢梁安装要点。高强度螺栓穿入孔内应顺畅，不得强行敲入。穿入方向应全桥一致。施拧顺序为从板束刚度大、缝隙大处开始，由中央向外拧紧，并应在当天终拧完毕。施拧时，不得采用冲击拧紧和间断拧紧。

6. B。本题考核的是悬索桥桥面系加劲梁施工。B选项错误，加劲梁应按拼装图进行厂内试拼装，试拼不少于3个节段，按架梁顺序进行试拼装。

7. A。本题考核的是桥梁工程雨期施工措施。A选项错误，雨期施工桥面系时工作面不宜过大，宜逐段、分片、分期施工。

8. D。本题考核的是盾构法隧道衬砌。在城市隧道的特殊地段如需要开口的衬砌环或预计将承受特殊荷载的地段，可以采用钢和铸铁管片；其他地段，均采用钢筋混凝土管片。

9. B。本题考核的是工程降水方法及适用条件。工程降水方法及适用条件见表 1。

表 1　工程降水方法及适用条件

降水方法适用条件		土质类别	渗透系数(m/d)	降水深度(m)
降水井	真空井点	粉质黏土、粉土、砂土	0.01~20.0	单级≤6,多级≤12
	喷射井点	粉土、砂土	0.1~20.0	≤20
	管井	粉土、砂土、碎石土、岩土	>1	不限
	渗井	粉质黏土、粉土、砂土、碎石土	>0.1	由下伏含水层的埋藏条件和水头条件确定
	辐射井	黏性土、粉土、砂土、碎石土	>0.1	4~20
	电渗井	黏性土、淤泥、淤泥质黏土	≤0.1	≤6
	潜埋井	粉土、砂土、碎石土	>0.1	≤2

10. B。本题考核的是水池满水试验。向池内注水应分 3 次进行，每次注水为设计水深的 1/3。对大、中型池体，可先注水至池壁底部施工缝以上，检查底板抗渗质量，当无明显渗漏时，再继续注水至第一次注水深度，因此 A 选项错误。

注水时水位上升速度不宜大于 2m/d，相邻两次注水的间隔时间不应小于 24h，因此 B 选项正确。

注水至设计水深 24h 后，开始测读水位测针的初读数；测读水位的初读数与末读数的间隔时间应不少于 24h，因此 C 选项错误。

水池渗水量计算，按池壁（不含内隔墙）和池底的浸湿面积计算。渗水量合格标准：钢筋混凝土结构水池不得超过 $2L/(m^2 \cdot d)$；砌体结构水池不得超过 $3L/(m^2 \cdot d)$，因此 D 选项错误。

11. C。本题考核的是导向钻头类型选择。淤泥质黏土适用较大掌面的铲形钻头。砂、砾石层适用镶焊硬质合金，中等尺寸弯接头钻头。砂性土适用小锥形掌面的铲形钻头。软黏土适用中等掌面的铲形钻头。

12. B。本题考核的是聚乙烯管道警示装置敷设。聚乙烯管道敷设随管走向敷设示踪线、警示带、保护板，设置地面标志。

13. C。本题考核的是垃圾填埋场建设与环境保护。填埋场封场工程包括地表水径流、排水、防渗、渗沥液收集处理、填埋气体收集处理、堆体稳定、植被类型及覆盖等内容。

14. D。本题考核的是海绵城市渗透技术。雨水渗透设施分表面渗透和埋地渗透两大类。表面入渗设施主要有透水铺装、下沉式绿地、生物滞留设施、渗透塘与绿色屋顶等；埋地渗透设施主要有渗井等。

15. C。本题考核的是施工测量。采用光学水准仪进行施工测量时，前视尺之读数 b 可按下式计算：$b = H_A + a - H_B$。将题目中给出的数字代入公式得出：$b = H_A + a - H_B = 3.440 + 1.360 - 3.560 = 1.240$m。

16. C。本题考核的是基坑工程监测项目。在一级基坑工程监测项目中，边坡顶水平位移属于应测项目；孔隙水压力、支护桩（墙）侧向土压力、立柱结构应力均属于宜测项目。

17. B。本题考核的是工程总承包项目一般管理规定。工程总承包企业承担建设项目工程总承包时，宜采用矩阵式管理。

18. B。本题考核的是施工安全技术交底。施工方案实施前，编制人员或者项目技术负责人应当向施工现场管理人员进行方案交底。施工现场管理人员应当向作业人员进行安全技术交底，并由双方和项目专职安全生产管理人员共同签字确认。

19. D。本题考核的是电子工程施工招标的要求。电子招标中投标保证金主要由投标保函体现，开具投标保函主要关注：（1）保函有效期与投标有效期一致并满足招标文件要求；（2）保函的开具银行要注意满足招标文件中的要求，故选项 D 说法错误。

20. B。本题考核的是建筑材料采购合同中交货期限的主要内容。交货日期的确定可以按照下列方式：（1）供货方负责送货的，以采购方收货戳记的日期为准。（2）采购方提货的，以供货方按合同规定通知的提货日期为准。（3）凡委托运输部门或单位运输、送货或代运的产品，一般以供货方发运产品时承运单位签发的日期为准，不是以向承运单位提出申请的日期为准。

二、多项选择题

21. A、B、C、E；　　22. A、B、D、E；　　23. D、E；
24. A、B、C、E；　　25. A、B、C、E；　　26. C、D、E；
27. A、C、D、E；　　28. B、E；　　29. B、D、E；
30. C、D、E。

【解析】

21. A、B、C、E。本题考核的是沥青路面结构层的性能要求。

A 选项正确，垫层宜采用砂、砂砾等颗粒材料。

B 选项正确，基层可分为上基层和下基层，基层可采用刚性、半刚性或柔性材料。

C 选项正确，基层应满足结构强度、扩散荷载的能力以及水稳性和抗冻性的要求。

D 选项错误，温度稳定性属于沥青道路面层路面使用指标之一，路面必须保持较高的稳定性，即具有较低的温度、湿度敏感度。

E 选项正确，抗滑能力属于沥青道路面层路面使用指标之一，路表面应平整、密实、粗糙、耐磨，具有较大的摩擦系数和较强的抗滑能力。

22. A、B、D、E。本题考核的是土工合成材料的用途。土工合成材料用途有：

（1）路堤加筋——采用土工合成材料加筋，以提高路堤的稳定性。

（2）台背路基填土加筋——采用土工合成材料加筋，以减少路基与构造物之间的不均匀沉降。

（3）过滤与排水——可单独使用土工合成材料或与其他材料配合，作为过滤体和排水体用于暗沟、渗沟及坡面防护等道路工程结构中。

（4）路基防护——采用土工合成材料可以作坡面防护和冲刷防护。

23. D、E。本题考核的是挡土墙结构类型。悬臂式挡土墙、扶壁式挡土墙主要依靠墙踵板上的填土重量维持挡土构筑物的稳定。

衡重式挡土墙的墙背在上下墙间设衡重台，利用衡重台上的填土重量使全墙重心后移增加墙体的稳定性。

俯斜式挡土墙的主要支撑方式是内倾的墙面，通过倾斜的墙面将土体支撑住。而仰斜式挡土墙的主要支撑方式是外倾的墙面，通过自重和土体内部的摩擦力来支撑土体。因此，俯斜式挡土墙适用于较高的挡土需要，而仰斜式挡土墙则更适合于较浅的挡土要求。

24. A、B、C、E。本题考核的是模板、支架和拱架的设计与验算。设计模板、支架和拱架的荷载组合见表2。

表2　设计模板、支架和拱架的荷载组合表

模板构件名称	荷载组合	
	计算强度用	验算刚度用
梁、板和拱的底模及支承板、拱架、支架等	①+②+③+④+⑦+⑧	①+②+⑦+⑧
缘石、人行道、栏杆、柱、梁板、拱等的侧模板	④+⑤	⑤
基础、墩台等厚大结构物的侧模板	⑤+⑥	⑤

注：表中代号意思如下：
① 模板、拱架和支架自重；
② 新浇筑混凝土、钢筋混凝土或圬工、砌体的自重力；
③ 施工人员及施工材料机具等行走运输或堆放的荷载；
④ 振捣混凝土时的荷载；
⑤ 新浇筑混凝土对侧面模板的压力；
⑥ 倾倒混凝土时产生的水平向冲击荷载；
⑦ 设于水中的支架所承受的水流压力、波浪力、流冰压力、船只及其他漂浮物的撞击力；
⑧ 其他可能产生的荷载，如风雪荷载、冬期施工保温设施荷载等。

25. A、B、C、E。本题考核的是先简支后连续梁的安装。湿接头的混凝土宜在一天中气温相对较低的时段浇筑，且一联中的全部湿接头应一次浇筑完成。湿接头混凝土的养护时间应不少于14d，因此D选项错误。

26. C、D、E。本题考核的是斜拉桥施工监测。施工监测主要内容：

（1）变形：主梁线形、高程、轴线偏差、索塔的水平位移。

（2）应力：拉索索力、支座反力以及梁、塔应力在施工过程中的变化。

（3）温度：温度场及指定测量时间塔、梁、索的变化。

27. A、C、D、E。本题考核的是地铁隧道之间的横向联络通道。联络通道是设置在两条地铁隧道之间的一条横向通道，起到安全疏散乘客、隧道排水及防火、消防等作用。

28. B、E。本题考核的是无粘结预应力施工工序。无粘结预应力施工工序为：钢筋施工→安装内模板→铺设非预应力筋→安装托架筋、承压板、螺旋筋→铺设无粘结预应力筋→外模板→混凝土浇筑→混凝土养护→拆模及锚固肋混凝土凿毛→割断外露塑料套管并清理油脂→安装锚具→安装千斤顶→同步加压→量测→回油撤泵→锁定→切断无粘结筋（留 100mm）→锚具及钢绞线防腐→封锚混凝土。

29. B、D、E。本题考核的是综合管廊断面布置。

A 选项错误，热力管道不应与电力电缆同舱敷设。

B 选项正确，天然气管道应在独立舱室内敷设。

C 选项错误，110kV 及以上电力电缆不应与通信电缆同侧布置。

D 选项正确，给水管道与热力管道同侧布置时，给水管道宜布置在热力管道下方。

E 选项正确，污水应采用管道排水方式，宜设置在综合管廊底部。

30. C、D、E。本题考核的是沥青路面病害处理。

A 选项错误，已成松散状态的面层，应将松散部分全部挖除，重铺面层，或应按 0.8~1.0kg/m^2 的用量喷洒沥青，撒布石屑或粗砂进行处治。

B 选项错误，沥青面层因贫油出现的轻微麻面，可在高温季节撒布适当的沥青嵌缝料处治。

三、实务操作和案例分析题

（一）

1. 车行道面层所用环保材料 WAC-13 沥青砂有下列施工优点：方便、快捷、污染小、经济。

2. 人行道铺装结构就其功能而言属于半透水铺装。

工作原理：雨水渗透透水铺装层被干硬砂浆层阻断随 2% 坡汇入侧石泄水管流入收水井。

3. 在海绵城市建设中，植草沟的主要功能：收集雨水、净化（过滤）雨水；作用：调节排水（防止水土流失）。

4. 环境保护方案中还应包含的内容：

扬尘（降尘、防尘）治理、建筑垃圾处理、光污染控制等。

5. 在保证安全的前提下，充分考虑经济性，该项目中雨水支管沟槽开挖可采用钢板桩、钢管、木方（方木、模板）等支护材料进行支护。

（二）

1. A 的名称——压浆设备（注浆系统）；B 的名称——导轨（导向轨架）。

2. 工作井的井位宜布置在下游侧。

原因：单向长距离顶管，工作井在下游可便于排水、排除淤泥、出土和运输，且有利于控制高程。

3. 工作井开挖与支护要求：

（1）开挖前，应根据地质条件及地下水状态，按设计要求或专项施工方案采取地下水控制及地层预加固措施。

（2）井口地面荷载不得超过设计规定值；井口应设置挡水墙，四周地面应硬化处理，并应做好排水措施。

（3）应对称、分层、分块开挖，每层开挖高度不得大于设计规定，随挖随支护；每一分层的开挖，宜遵循先开挖周边、后开挖中部的顺序。

（4）初期支护应尽快封闭成环，按设计要求做好钢格栅（钢拱架）的竖向连接及采取防止井壁下沉的措施。

（5）喷射混凝土的强度和厚度等应符合设计要求，喷射混凝土应密实、平整，不得出现裂缝、脱落、漏喷、露筋、空鼓和渗漏水等现象。

（6）施工平面尺寸和深度较大的竖井时，应根据设计要求及时安装临时支撑。

（7）严格控制竖井开挖断面尺寸和高程，不得欠挖，竖井开挖到底后应及时封底。

（8）竖井开挖过程中应加强观察和监测，当发现地层渗水，井壁土体松散、裂缝或支撑出现较大变形等现象时，应立即停止施工，采取措施加固处理后方可继续施工。

4. 顶进过程中，对周边环境需监测的内容如下所示：

（1）顶管通过路线的地面水平位移。

（2）顶管通过路线的地面沉降。

（3）周边建筑物沉降。

（4）周边管线沉降。

（5）地下水情况。

5. 修改项目部制定的三项技术措施中不正确之处：

不正确之处一：为解决顶距长、阻力大带来的顶进困难，拟更换较大顶力的千斤顶；

理由：应设置中继间，来解决顶距长、阻力大带来的顶进困难。

不正确之处二：为防止顶进过程遇软弱土层时管节漂移，加强管道轴线测量，及时调整顶管机的机头方向；

理由：为防止顶进过程管节漂移，应将前 3~5 节管体与顶管工具管连成一体，严格控制管道线形。

不正确之处三：在顶进过程中当管线偏移量达到允许偏差值时，进行纠偏；

理由：管道顶进过程中，应遵循“勤测量、勤纠偏、微纠偏”的原则，控制顶管机前进方向和姿态，并应根据测量结果分析偏差产生的原因和发展趋势，确定纠偏的措施。

（三）

1. 雨水管道开槽深度 $H=40.64-37.04+0.3+0.1=4$m。

污水管道槽底高程 $M=40.64-3.1-3=34.54$m。

沟槽宽度 $B=3.1\times1+1+3\times1+0.8+5.5+1.8+0.3+1.45+4\times0.5=18.95$m。

2. （1）污水沟槽南侧边坡的主要地层：粉质黏土、细砂—中砂。

（2）边坡坡度中的 n 值计算：

① 污水沟槽南侧边坡的宽度为 5.5−0.8−1.45−0.3−1.8=1.15m；

② 污水沟槽南侧边坡的高度为（40.64−4）−34.54=2.1m；

③ 综上所述，可以得出污水沟槽南侧边坡坡度中的 n 值为：2.1：1.15；则 n=0.55。

3. 该污水沟槽南侧边坡坍塌的可能原因：

（1）边坡细砂—中砂地层，土体黏聚力差，易坍塌。

（2）雨期施工。

（3）边坡坡度过陡。

（4）未根据不同土质采用不同坡度，未在不同土层处做成折线形边坡或留置台阶。

（5）未采取护坡措施。

（6）坡顶雨水箱涵附加荷载过大。

可采取的边坡处理措施：

（1）减小边坡坡度，根据不同土层合理确定边坡坡度，并在不同土层处做成折线形边坡或留置台阶。

（2）坡顶采取防水、排水、截水等防护措施。

（3）坡顶卸荷，坡脚压载。

（4）坡脚设集水井。

（5）采取叠放砂包或土袋、水泥砂浆或细石混凝土抹面、挂网喷浆或混凝土、塑料膜或土工织物覆盖坡面等护坡措施。

4. 为控制 HDPE 管道变形，项目部在回填中还应采取下列技术措施：

（1）管道两侧及管顶以上 500mm 范围内的回填材料，应由沟槽两侧对称运入槽内，不得直接扔在管道上；回填其他部位时，应均匀运入槽内，不得集中推入。

（2）管基有效支承角范围内应采用中粗砂填充密实，与管壁紧密接触，不得用土或其他材料填充。

（3）管道半径以下回填时应采取防止管道上浮、位移的措施。

（4）管道回填时间宜在一昼夜中气温最低时段，从管道两侧同时回填，同时夯实。

（5）管底基础部位开始到管顶以上 500mm 范围内，必须采用人工回填；管顶 500mm 以上部位，可用机具从管道轴线两侧同时夯实；每层回填高度应不大于 200mm。

5. 沥青底面层横缝处理措施：采用机械切割或人工刨除层厚不足部分，使工作缝成直角连接，清除切割时留下的泥水，干燥后涂刷粘层油，铺筑新混合料，接槎软化后，先横向碾压，再纵向碾压，连接平顺。

改性沥青面层振动压实还应注意遵循“紧跟、慢压、高频、低幅”的原则。

（四）

1. 给出水泥土搅拌桩施工工艺流程中 A、B 的内容：

A 的内容——水泥搅拌机械就位；

B 的内容——重复搅拌下沉至设计标高。

2. 列式计算地下水埋深：地下水埋深：34.500-30.650=3.850m，取 3.85m。

3. 沉井基底大量渗水未及时处理可能产生的风险：淹没，邻近建筑物沉降、倾斜或开裂，既有管线沉降，井底隆起和地表沉降或塌陷，沉井偏斜和上浮，井筒结构破坏，坑底突涌，井底被水泡导致承载力不足危及作业人员安全等。

4. 根据工程特点项目部宜选用泥水平衡顶管机；顶管施工处于地下水位以下且土质不良的，采用密闭式顶管；顶管施工的地层土质为粉细砂和粉质黏土；采用土压平衡顶管机需要对粉细砂和粉质黏土进行塑流化改良，泥水平衡顶管机不需要。故选择泥水平衡顶管机降低施工难度和成本，方便快捷。

5. 沉井内应安装的主要顶进设施：后背墙、千斤顶、顶铁、导轨、千斤顶基座、油泵、止水装置、泥水平衡顶管机、顶管液压控制装置。

（五）

1. 图 5 中构件 A 的名称——伸缩装置（或伸缩缝）。

2. 按桥梁结构特点，该桥梁属于刚构（架）桥。

该类型桥梁的主要受力特点：刚构（架）桥的主要承重结构是梁或板和立柱整体结合在一起的刚构（架）结构。梁和柱的连接处具有很大的刚性，在竖向荷载作用下，梁部主要受弯，而在柱脚处具有水平反力。

3. 施工方案（1）中，在浇筑桥梁上部结构时，施工缝的处理方法包括：

① 先将混凝土表面的浮浆凿除。

② 混凝土结合面应凿毛处理，并冲洗干净，表面湿润，但不得有积水。

③ 在浇筑梁板混凝土前，应铺同配合比（同强度等级）的水泥砂浆（厚度 10~20mm）。

4. 根据施工方案（2），桥梁上部结构施工时应搭设满堂支架的最大高度为 99.63-0.07-0.08-0.8-90.18=8.50m。

该支架施工方案需要组织专家论证。理由：根据相关文件规定，搭设高度 5m 及以上的模板支撑工程属于危险性较大的分部分项工程，搭设高度 8m 及以上需要组织专家论证（或搭设高度<8m，不需要组织专家论证）。

5. 项目部支架预压失败的原因：

（1）场地回填杂填土，未按要求进行分层填筑、碾压密实，导致基础（地基）承载力不足。

（2）场地未设置排水沟等排水、隔水措施，场地积水，导致基础（地基）承载力下降。

（3）未按规范要求进行支架基础预压。

（4）受雨天影响，预压土袋吸水增重（或预压荷载超重）。

6. 项目部应采取的促使支架预压成功的措施：

（1）提高场地基础（地基）承载力，可采用换填及混凝土垫层硬化等处理措施。

（2）在场地四周设置排水沟等排水设施，确保场地排水畅通，不得积水。

（3）进行支架基础预压。

（4）加载材料应有防水（雨）措施，防止被水浸泡后引起加载重量变化（或超重）。

《市政公用工程管理与实务》
考前冲刺试卷（二）及解析

《市政公用工程管理与实务》考前冲刺试卷（二）

一、单项选择题（共20题，每题1分。每题的备选项中，只有1个最符合题意）

1. 道路路基性能主要指标包括（　　）。

A. 整体稳定性和变形量控制　　B. 扩散荷载能力

C. 不透水性　　D. 平整度

2. 路基施工中，不属于试验段主要目的是（　　）。

A. 确定路基预沉量值　　B. 选择压实方式

C. 确定超宽填筑宽度　　D. 确定路基宽度内每层的虚铺厚度

3. 可用于高等级道路基层的是（　　）。

A. 二灰稳定土　　B. 级配碎石

C. 级配砾石　　D. 二灰稳定粒料

4. 沥青类混合料面层施工中，封层油宜采用（　　）。

A. 改性乳化沥青　　B. 快裂乳化沥青

C. 中裂乳化沥青　　D. 中凝液体石油沥青

5. 刚性挡土墙与土相互作用的最大土压力是（　　）土压力。

A. 静止　　B. 被动

C. 平衡　　D. 主动

6. 从受力特点划分，斜拉桥属于（　　）体系桥梁。

A. 梁式　　B. 拱式

C. 悬吊式　　D. 组合

7. 某河流水深2.0m，流速1.5m/s，不宜选用的围堰类型是（　　）。

A. 土围堰　　B. 土袋围堰

C. 铁丝笼围堰　　D. 竹篱土围堰

8. 采用悬臂浇筑法施工多跨预应力混凝土连续梁时，正确的浇筑顺序是（　　）。

A. 0号块→主梁节段→边跨合龙段→中跨合龙段

B. 0号块→主梁节段→中跨合龙段→边跨合龙段

C. 主梁节段→0号块→边跨合龙段→中跨合龙段

D. 主梁节段→0号块→中跨合龙段→边跨合龙段

9. 下列关于桥梁防水层施工的说法，正确的是（　　）。

A. 基层混凝土强度达到设计强度等级50%以上，方可进行防水层施工

B. 基层处理剂可以采用喷涂法施工

C. 对局部粗糙度大于上限值的部位，在环氧树脂上撒布粒径为1~3mm的石英砂进行处理

D. 基层处理剂施工质量检验合格后，应开放作业人员通行

10. 钢箱梁节段现场对接环缝的焊接顺序正确的是（　　）。

A. 底板→纵腹板→桥面板

B. 桥面板→底板→纵腹板

C. 底板→桥面板→纵腹板

D. 桥面板→纵腹板→底板

11. 下列建筑物中，属于维持地下车站空气质量的附属建筑物是（　　）。

A. 站台　　　　B. 站厅

C. 生活用房　　　　D. 地面风亭

12. 关于盖挖法结构施工技术的说法，错误的是（　　）。

A. 盖挖逆作法防水施工时，底板、侧墙防水层应由下而上施工，侧墙防水层不应形成倒槎

B. 盖挖顺作法铺盖板的拆除应遵循“后装先拆，先装后拆”的顺序；临时支承柱应在铺盖板拆除后再拆除

C. 盖挖顺作法的铺盖体系宜采用装配式公路钢桥、军用钢桁架梁或型钢梁，其上铺设盖板和面层；盖挖逆作法铺盖体系应为主体结构顶板

D. 盖挖法施工应保持基坑围护结构内的地下水位稳定在基底以下0.3m

13. 下列属于一般地表水处理厂广泛采用的常规处理流程是（　　）。

A. 沉淀→混凝→过滤→消毒　　　　B. 混凝→沉淀→消毒→过滤

C. 混凝→沉淀→过滤→消毒　　　　D. 过滤→沉淀→混凝→消毒

14. 城市给水厂试运行时，对单机试车的要求描述，错误的是（　　）。

A. 空车试运行不少于2h　　　　B. 记录运行数据

C. 机组自动开、停机试验　　　　D. 自动控制系统运行正常

15. 给水管道附属设备不包括（　　）。

A. 消火栓　　　　B. 水锤消除器

C. 安全阀　　　　D. 跌水井

16. 下列关于供热管道功能性试验的说法，正确的是（　　）。

A. 管道自由端的临时加固装置安装完成并经检验合格后进行

B. 管道接口防腐、保温后进行

C. 压力表应放在两端

D. 试验压力为1.5倍设计压力，不小于0.5MPa

17. 下列材料中，不属于垃圾填埋场防渗系统的是（　　）。

A. 砂石层　　B. 土工布

C. HDPE膜　　D. GCL垫

18. 下列方法中，用于排水管道更新的是（　　）。

A. 缠绕法　　B. 内衬法

C. 爆管法　　D. 喷涂法

19. 施工测量前，编制施工测量方案的依据不包括（　　）。

A. 设计图纸　　B. 外业测量记录

C. 施工组织设计　　D. 施工方案

20. 工程担保中大量采用的是第三方担保，即（　　）。

A. 保证担保　　B. 抵押

C. 质押　　D. 留置

二、多项选择题（共10题，每题2分。每题的备选项中，有2个或2个以上符合题意，至少有1个错项。错选，本题不得分；少选，所选的每个选项得0.5分）

21. 可用作城市次干路及其以下道路基层的有（　　）。

A. 级配砾石基层　　B. 级配砂砾基层

C. 石灰粉煤灰稳定砂砾基层　　D. 石灰粉煤灰钢渣稳定土类基层

E. 水泥稳定土类基层

22. 城市桥梁按应用场景分类，包含的主要类型有跨河桥、跨线桥、互通立交桥和（　　）。

A. 高架桥　　B. 人行天桥

C. 梁式桥　　D. 上承式桥

E. 廊桥

23. 关于桥梁工程预制安装钢筋混凝土盖梁的说法，错误的有（　　）。

A. 设计无要求时，宜根据盖梁的构造特点以及施工的运输能力、起重能力、经济性等因素综合考虑，确定采用整体预制安装或分节段预制安装

B. 盖梁整体预制安装时，应采用匹配预制、匹配安装的方式进行施工

C. 盖梁预制构件的吊点位置应符合设计要求；设计无要求时，应通过计算确定

D. 节段匹配安装盖梁预制构件时，应采取可靠的临时固定措施，在构件精确就位后对其进行临时固定，未固定之前不得将起重机的吊钩松脱

E. 盖梁就位时，应检查轴线和各部尺寸，预留槽（孔）的位置是否与墩台（身）的相应位置一致，确认合格后方可固定，并浇筑接头混凝土

24. 关于钢—混凝土结合梁施工技术的说法，正确的有（　　）。

A. 一般由钢梁和钢筋混凝土桥面板两部分组成

B. 在钢梁与钢筋混凝土板之间设传剪器的作用是使二者共同工作

C. 适用于城市大跨径桥梁

D. 桥面混凝土浇筑应分车道分段施工

E. 浇筑混凝土桥面时，横桥向应由两侧向中间合拢

25. 关于混凝土冬期施工的说法，正确的有（　　）。

A. 入模温度不宜低于10℃　　B. 选用较大水胶比

C. 选用较小水胶比　　D. 优先选用加热水方法

E. 骨料加热至100℃

26. 市政公用工程中管道要求介质单向流通的阀门有（　　）。

A. 安全阀　　B. 减压阀

C. 止回阀　　D. 截止阀

E. 球阀

27. 关于城市管道工程土方及沟槽施工安全控制要求的说法，错误的有（　　）。

A. 在距直埋缆线2m范围内和距各类管道1m范围内，应机械开挖

B. 合槽施工开挖土方时，应先浅后深

C. 开挖深层管道土方时，不宜扰动浅层管道的土基，受条件限制而在施工中产生扰动时，应对扰动的土基按设计规定进行处理

D. 回填过程中不得影响构筑物的安全，并应检查墙体结构强度、盖板或其他构件安装强度，当能承受施工操作动荷载时，方可进行回填

E. 管顶或结构顶以上500mm范围内应采用人工夯实，不得采用动力夯实机具或压路机压实

28. 根据《建设工程施工合同（示范文本）》（GF—2017—0201），采用变动总价合同时，双方约定可对合同价款进行调整的情形有（　　）。

A. 承包人承担的损失超过其承受能力

B. 一周内非承包人原因停电造成的停工累计达到7h

C. 外汇汇率变化影响合同价款

D. 工程造价管理部门公布的价格调整

E. 法律、行政法规和国家有关政策变化影响合同价款

29. 关于工程竣工验收要求的说法，正确的是（　　）。

A. 工程竣工报告应经项目经理和施工单位有关负责人审核签字

B. 对于委托监理的工程项目，监理单位对工程质量评估，具有完整监理资料，并提出工程质量评估报告；工程质量评估报告应经总监理工程师和监理单位有关负责人审核签字

C. 勘察、设计单位对勘察、设计文件及施工过程中由设计单位签署的设计变更通知书进行了检查，并提出质量检查报告

D. 有完整的技术档案和施工管理资料

E. 有设计单位签署的工程质量保修书

30. 在招标投标阶段，施工图预算可作为（　　）依据。

A. 招标控制价编制　　B. 工程量清单编制

C. 施工单位投标报价　　D. 施工单位成本控制

E. 工程费用调整

三、实务操作和案例分析题（共5题，（一）、（二）、（三）题各20分，（四）、（五）题各30分）

（一）

背景资料：

某公司承建一项城镇主干路新建工程，全长3.1km，施工桩号为K0+000～K3+100。道路路面结构分为两种类型，其中K0+000～K3+000段路面面层为18cm厚沥青混合料面层，K3+000～K3+100段路面面层为28cm厚水泥混凝土面层；路面基层均为水泥稳定碎石基层。两种路面面层在K3+000处呈阶梯状衔接，衔接处设置长4m水泥混凝土过渡段。路面衔接段结构如图1所示。

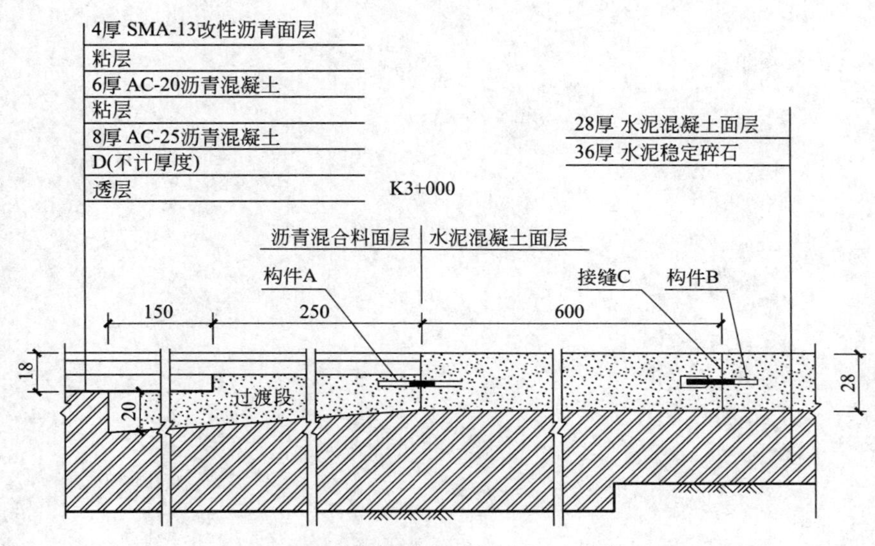

图1 路面衔接段结构示意图（尺寸单位：cm）

施工过程中发生如下事件：

事件1：在K0+550～K0+610路段有一座废弃池塘，深约2m。处置方案为清淤后换填级配砂砾，再利用挖方段土方填筑至设计标高。施工前项目部对填方用土进行了液限、塑限和*CBR*试验。

事件2：水泥混凝土路面及过渡段铺筑完成后，养护达到可开放交通条件时，再分层摊铺衔接处沥青混合料面层。为确保过渡段面层衔接紧密，横缝连接平顺，项目部采取了相应的施工工艺措施。

事件3：在K2+200填方坡脚处有10kV电力架空线线杆，由于线路迁移滞后，路基施工时项目部对线杆采取了安全保护措施。

问题：

1. 写出图1中构件A、B、C的名称。
2. 写出图1中D的名称及采用的沥青材料种类。

3. 填方段用土还应做哪些试验？

4. 写出水泥混凝土路面开放交通的条件，写出连接处过渡段处理措施。

5. 写出电线杆处的防护措施。

（二）

背景资料：

某公司承建一座城市桥梁工程。该桥上部结构为16×20m预应力混凝土空心板，每跨布置空心板30片。

进场后，项目部编制了实施性总体施工组织设计，内容包括：

（1）根据现场条件和设计图纸要求，建设空心板预制场。预制台座采用槽式长线台座，横向连续设置8条预制台座，每条台座1次可预制空心板4片，预制台座构造如图2所示。

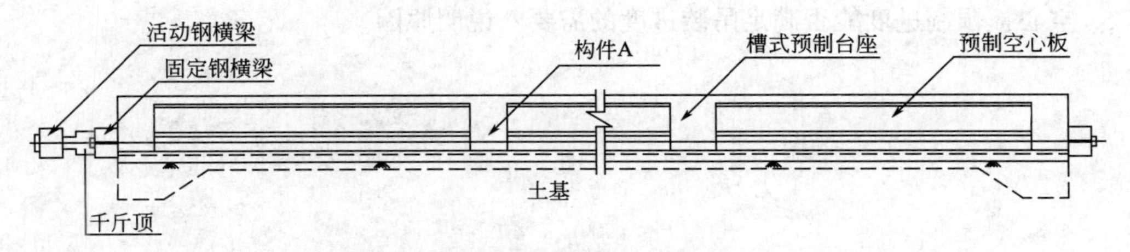

图2　预制台座纵断面示意图

（2）将空心板的预制工作分解成：①清理模板、台座，②涂刷隔离剂，③钢筋、钢绞线安装，④切除多余钢绞线，⑤隔离套管封堵，⑥整体放张，⑦整体张拉，⑧拆除模板，⑨安装模板，⑩浇筑混凝土，⑪养护，⑫吊运存放这12道施工工序，并确定了施工工艺流程如图3所示（注：①~⑫为各道施工工序代号）。

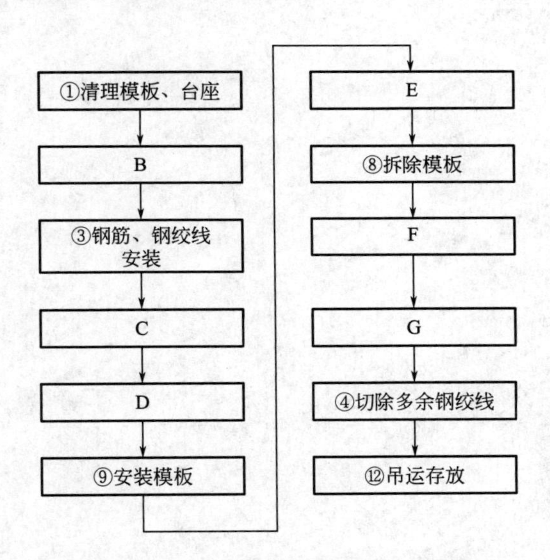

图3　空心板预制施工工艺流程框图

（3）计划每条预制台座的生产（周转）效率平均为10d，即考虑各条台座在正常流水作业节拍的情况下，每条预制台座每10d均可生产4片空心板。

（4）依据总体进度计划空心板预制80d后，开始进行吊装作业，吊装进度为平均每天吊装 8 片空心板。

问题：

1. 根据图 2 预制台座的结构形式，指出该空心板的预应力体系属于哪种形式？写出构件 A 的名称。

2. 简述城市桥梁下部结构施工中预制台座的施工要求。

3. 写出图 3 中空心板施工工艺流程框图中施工工序 B、C、D、E、F、G 的名称（选用背景资料给出的施工工序①~⑫的代号及名称作答）。

4. 列式计算完成空心板预制所需天数。

5. 空心板预制进度能否满足吊装进度的需要？说明原因。

（三）

背景资料：

某城市浅埋暗挖隧道长550m，沿线下穿道路、管线等市政设施。隧道设计为马蹄形断面，复合式衬砌结构由外向内依次为初期支护、X、二次衬砌，如图4所示隧道开挖断面尺寸为11.5m×8.5m，断面开挖分块如图5所示。全线设三座竖井相向掘进施工。

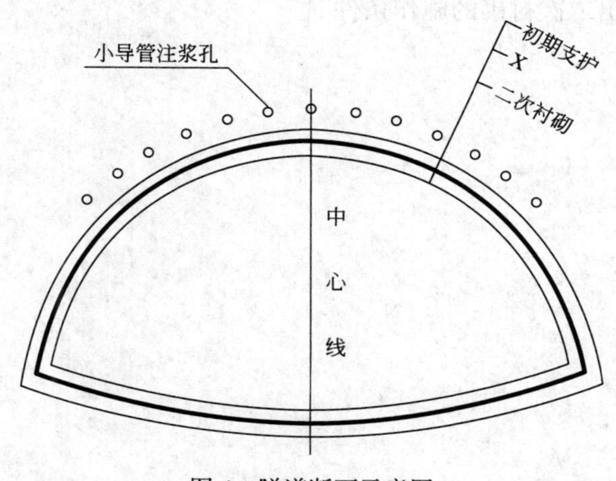

图4 隧道断面示意图

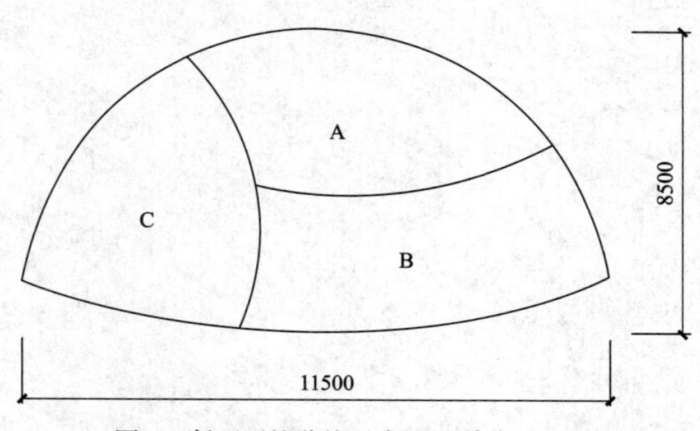

图5 断面开挖分块示意图（单位：mm）

施工过程中发生如下事件：

事件1：项目部编制了隧道暗挖专项施工方案，经项目经理审批后组织专家论证。专家组认为：①所选取的隧道贯通位置不合理，建议调整；②开始贯通时需停止一个开挖面作业，改为单向掘进，方案应明确此时两个开挖面的距离。

事件2：由于工期紧迫，项目部在初期支护养护结束后向监理工程师申请施作二次衬砌，监理工程师分析监测数据后拒绝了项目部的要求，并进一步明确了隧道二次衬砌的施作条件。

问题：

1. 给出复合式衬砌结构中 X 的名称。

2. 结合图 5 给出该浅埋暗挖施工方法的名称；用图 5 中的字母表示隧道断面的开挖顺序。

3. 事件 1 中，隧道暗挖专项施工方案的审批流程是否正确？说明理由。

4. 事件 1 中，分别给出选取隧道贯通位置的原则及开始贯通时两个开挖面的距离。

5. 事件 2 中，给出二次衬砌的施作条件。

（四）

背景资料：

某公司中标某环境整治工程。主要施工内容有道路、管道、检查井、调蓄池等。其中1号调蓄池埋深8.5m，结构尺寸为17.05m×9.65m×7.5m（长×宽×高）。原地面标高为5.88m。

1号调蓄池上部平面图见图6。

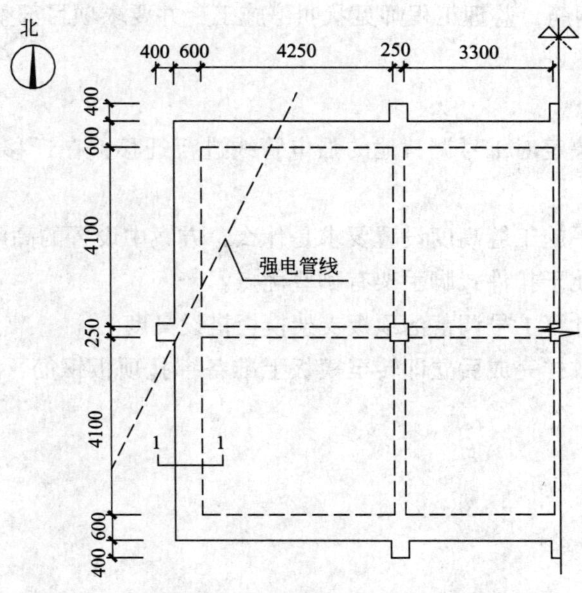

图6　1号调蓄池上部平面图（单位：mm）

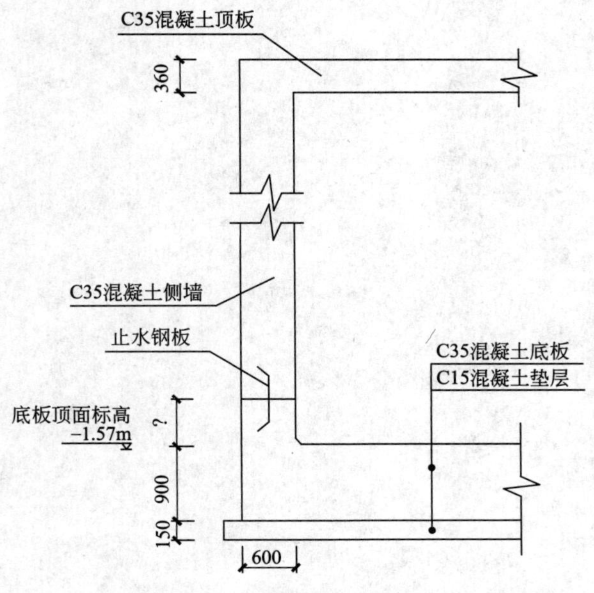

图7　1-1剖面图（单位：mm）

事件 1：项目部进场后在进行探槽施工时，发现 1 号调蓄池西侧有一条强电管线在基坑开挖范围内，埋深约 1.8m，项目经理及时上报了监理和建设单位。

事件 2：项目部根据施工组织设计编制的调蓄池施工方案要求调蓄池混凝土分三次浇筑，在调蓄池底板顶面向上 100mm 处设置首道水平施工缝（见图 7）。调蓄池内支架采用盘扣式支架、50mm×100mm 木方和 15mm 厚竹胶板。

事件 3：在调蓄池顶板支架模板安装完成后，钢筋工长组织进场放样，完成后立即转至模板上准备绑扎顶板钢筋，监理工程师见状叫停施工，并要求项目部整改。

问题：

1. 建设单位研究决定对 1 号调蓄池的强电管线进行迁移，在迁移之前，项目部应做哪些工作？

2. 调蓄池侧墙水平施工缝高度设置要求是什么，方案中设置的高度是否合适？

3. 盘扣式支架相比于扣件式脚手架有哪些优点？

4. 根据图 7 列式计算 1 号调蓄池顶板支架模板搭设高度。

5. 对于钢筋工长放样完成后立即转至模板上准备绑扎顶板钢筋，监理工程师为什么要叫停施工？说明理由。

（五）

背景资料：

某地铁车站沿东西方向布置，中间为标准段，两端为端头井。标准段长 120m、宽 21m、开挖深度 18m，采用明挖法施工。围护结构采用 ϕ900mm 钻孔灌注桩，间距 1050mm，桩间设 ϕ650mm 旋喷桩止水，标准段基坑围护桩平面布置如图 8 所示。基坑支护共设 4 道支撑，第 1 道为钢筋混凝土支撑，第 2～4 道为钢支撑，标准段基坑支护断面如图 9 所示。

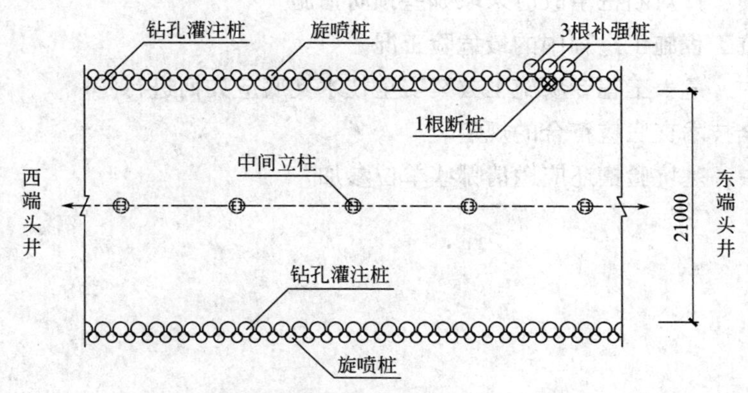

图 8　标准段基坑围护桩平面布置示意图（尺寸单位：mm）

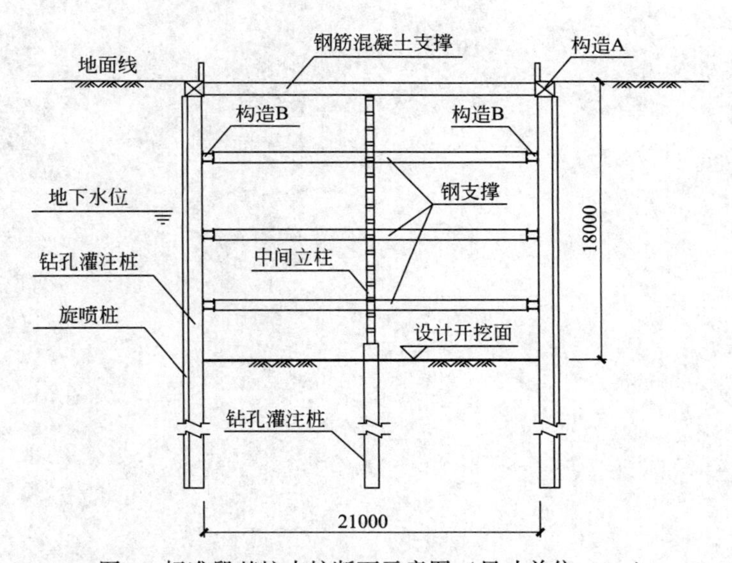

图 9　标准段基坑支护断面示意图（尺寸单位：mm）

施工过程中发生如下事件：

事件 1：钻孔灌注桩成桩后，经检测发现有 1 根断桩，如图 8 所示。分析认为断桩是由于水下混凝土浇筑过程中导管口脱出混凝土面所致。对此，项目部提出针对性补强措施，经相关方同意后实施。

事件 2：针对基坑土方开挖及支护工程，项目部进行了危险源辨识，编制危险性较大分部分项工程（下文简称“危大工程”）专项施工方案，履行相关报批手续。基坑开挖前，项目部就危大工程专项施工方案组织了安全技术交底。

事件3：基坑开挖至设计开挖面后，由监理工程师组织基坑验槽，确认合格后及时进行混凝土垫层施工。

问题：

1. 写出图9中构造A、B的名称；给出坑外土压力传递的路径。
2. 事件1中，针对断桩事故应采取哪些预防措施？
3. 指出基坑工程施工过程中的最危险工况。
4. 事件2中，危大工程专项施工方案安全技术交底应如何进行？
5. 简述安全技术交底应符合的规定。
6. 事件3中，基坑验槽还应邀请哪些单位参加？

考前冲刺试卷（二）参考答案及解析

一、单项选择题

1. A；	2. C；	3. D；	4. A；	5. B；
6. D；	7. A；	8. A；	9. B；	10. A；
11. D；	12. D；	13. C；	14. C；	15. D；
16. A；	17. A；	18. C；	19. B；	20. A。

【解析】

1. A。本题考核的是路面路基的性能要求。路基性能主要指标包括路基整体稳定性和变形量控制。

2. C。本题考核的是路基压实施工的试验段。路基压实试验目的主要有：

（1）确定路基预沉量值。

（2）合理选用压实机具。

（3）按压实度要求，确定压实遍数。

（4）确定路基宽度内每层虚铺厚度。

（5）根据土的类型、湿度、设备及场地条件，选择压实方式。

3. D。本题考核的是二灰稳定粒料的用途。二灰稳定土具有明显的收缩特性，但小于水泥土和石灰土，也被禁止用于高等级路面的基层，而只能做底基层。二灰稳定粒料可用于高等级路面的基层与底基层。级配碎石可用于中、轻交通道路的下基层及轻交通道路的基层；级配砾石可用于轻交通道路的下基层。

4. A。本题考核的是沥青类混合料面层施工。铺筑在面层表面的称为上封层，铺筑在面层下面的称为下封层。封层油宜采用改性沥青或改性乳化沥青，封层集料应质地坚硬、耐磨、洁净且粒径与级配应符合要求。粘层油宜采用快裂或中裂乳化沥青、改性乳化沥青，也可采用快凝或中凝液体石油沥青作粘层油。

5. B。本题考核的是挡土墙结构受力的内容。三种土压力中，主动土压力最小；静止土压力其次；被动土压力最大，位移也最大。

6. D。本题考核的是桥梁的主要类型。组合体系桥由几个不同体系的结构组合而成，最常见的为连续刚构，梁、拱组合等。斜拉桥也是组合体系桥的一种。

7. A。本题考核的是各类围堰的适用条件。土围堰的适用条件：水深≤1.5m，流速≤0.5m/s，河边浅滩，河床渗水性较小。

土袋围堰的适用条件：水深≤3.0m，流速≤1.5m/s，河床渗水性较小，或淤泥较浅。

铁丝笼围堰的适用条件：水深4m以内，河床难以打桩，流速较大。

竹篱土围堰的适用条件：水深1.5~7m，流速≤2.0m/s，河床渗水性较小，能打桩，盛产竹木地区。

8. A。本题考核的是现浇预应力（钢筋）混凝土连续梁悬臂浇筑法的施工顺序。悬浇顺序及要求：

（1）在墩顶托架或膺架上浇筑0号段并实施墩梁临时固结。

（2）在0号块段上安装悬臂挂篮，向两侧依次对称分段浇筑主梁至合龙前段。

（3）在支架上浇筑边跨主梁合龙段。

（4）最后浇筑中跨合龙段形成连续梁体系。

9. B。本题考核的是桥梁防水层施工。基层混凝土强度应达到设计强度等级的80%以上，方可进行防水层施工，因此A选项错误。

基层处理剂可采用喷涂法或刷涂法施工，喷涂应均匀，覆盖完全，待其干燥后应及时进行防水层施工，因此B选项正确。

对局部粗糙度大于上限值的部位，可在环氧树脂上撒布粒径为0.2~0.7mm的石英砂进行处理，同时应将环氧树脂上的浮砂清除干净，因此C选项错误。

基层处理剂涂刷完毕后，其表面应进行保护，且应保持清洁。涂刷范围内，严禁各种车辆行驶和人员踩踏，因此D选项错误。

10. A。本题考核的是钢梁制作安装质量控制。箱梁节段对接环缝先焊底板，再焊纵腹板，最后焊桥面板。焊接采用对称施焊，从中轴线向两侧展开，纵腹板从下向上施焊。

11. D。本题考核的是地铁车站结构组成。通风道及地面通风亭的作用是维持地下车站内空气质量，满足乘客吸收新鲜空气的需求。

12. D。本题考核的是盖挖法结构施工技术。D选项错误，盖挖法施工应保持基坑围护结构内的地下水位稳定在基底以下0.5m。

13. C。本题考核的是常用给水处理工艺流程及适用条件。常用给水处理工艺流程及适用条件见表1。

表1　常用给水处理工艺流程及适用条件

工艺流程	适用条件
原水→简单处理（如筛网隔滤或消毒）	水质较好，浊度几十或几百NTU的地表水
原水→接触过滤→消毒	一般用于处理浊度和色度较低的湖泊水和水库水，进水悬浮物一般小于100NTU，水质稳定、变化小且无藻类繁殖
原水→混凝→沉淀或澄清→过滤→消毒	一般以地表水为水源的水厂广泛采用的常规处理流程，适用于浊度小于3NTU的河流水。河流、小溪水浊度通常较低，洪水时含沙量大，可采用此流程对低浊度无污染的水不加凝聚剂或跨越沉淀直接过滤
原水→调蓄预沉→混凝→沉淀或澄清→过滤→消毒	高浊度水二级沉淀，适用于含沙量大，沙峰持续时间长，预沉后原水含沙量应降低到1000NTU以下，黄河中上游的中小型水厂和长江上游高浊度水处理多采用二级沉淀（澄清）工艺，适用于中小型水厂，有时在滤池后建造清水调蓄池

14. C。本题考核的是城市给水厂单机试车要求。城市给水厂单机试车要求：

（1）单机试车，一般空车试运行不少于2h。

（2）各执行机构运作调试完毕，动作反应正确。

（3）自动控制系统运行正常。

（4）监测并记录单机运行数据。

C 选项属于连续试运行的内容。

15. D。本题考核的是给水管道附属设备。消火栓、水锤消除器、安全阀都是给水管道的附件。

16. A。本题考核的是供热管道功能性试验。供热管道功能性试验：

（1）试验前的准备工作：管道自由端的临时加固装置安装完成并经检查确认安全，因此 A 选项正确。

（2）强度试验应在试验段内的管道接口防腐、保温施工及设备安装前进行，因此 B 选项错误。

（3）供热管道功能性试验时，压力表应安装在试验泵出口和试验系统末端，因此 C 选项错误。

（4）强度试验压力为 1.5 倍设计压力且不得小于 0.6MPa，严密性试验压力为设计压力的 1.25 倍且不小于 0.6MPa，因此 D 选项错误。

17. A。本题考核的是垃圾填埋场防渗系统的构成。垃圾填埋场防渗系统由土工布、HDPE 膜、GCL 垫（可选）构成。

18. C。本题考核的是给水排水管道更新。破管外挤也称爆管法或胀管法，是使用爆管工具将旧管破碎，并将其碎片挤进周围土层，同时将新管或套管拉入，完成管道的更换。A、B、D 选项为管道全断面修复的方法。

19. B。本题考核的是施工测量准备工作。施工测量前，应依据设计图纸、施工组织设计和施工方案，编制施工测量方案。

20. A。本题考核的是工程担保方式。工程担保中大量采用的是第三方担保，即保证担保。

二、多项选择题

21. A、B；	22. A、B、E；	23. A、B；
24. A、B、C；	25. A、C、D；	26. A、B、C、D；
27. A、B；	28. C、D、E；	29. A、B、C、D；
30. A、B、C。		

【解析】

21. A、B。本题考核的是级配型材料基层。级配型材料基层包括级配砂砾与级配砾石基层，属于柔性基层，可用作城市次干路及其以下道路基层。

22. A、B、E。本题考核的是桥梁的主要类型。城市桥梁主要类型有：跨河桥、跨线桥、高架桥、互通立交桥、人行天桥、廊桥。

23. A、B。本题考核的是桥梁工程预制安装钢筋混凝土盖梁。

A 选项错误，盖梁的预制安装方式应符合设计要求；设计无要求时，宜根据盖梁的构造特点以及施工的运输能力、起重能力、方便性等因素综合考虑，确定采用整体预制安装或分节段预制安装。

B 选项错误，盖梁分节段预制安装时，应采用匹配预制、匹配安装的方式进行施工。

24. A、B、C。本题考核的是钢—混凝土结合梁施工技术。

钢—混凝土组合梁一般由钢梁和钢筋混凝土桥面板两部分组成，因此 A 选项正确。

在钢梁与钢筋混凝土板之间设传剪器，二者共同工作，因此 B 选项正确。

钢—混凝土结合梁适用于城市大跨径或较大跨径的桥梁工程，因此 C 选项正确。

桥面混凝土浇筑应全断面连续浇筑，因此 D 选项错误。

浇筑混凝土桥面时，横桥向应先由中间开始向两侧扩展，因此 E 选项错误。

25. A、C、D。本题考核的是混凝土冬期施工。冬期施工混凝土入模温度不宜低于10℃，因此 A 选项正确；应选用较小水胶比，以减少混凝土中的水分，因此 B 选项错误，C 选项正确；优先选用加热水的方法来保证混凝土的温度，因此 D 选项正确；骨料加热一般不超过 60℃，因此 E 选项错误。

26. A、B、C、D。本题考核的是阀门特性。阀体上通常有标志，箭头所指方向即介质的流向，必须特别注意，不得装反。要求介质单向流通的阀门有：安全阀、减压阀、止回阀等。要求介质由下而上通过阀座的阀门有截止阀等，其作用是便于开启和检修。

27. A、B。本题考核的是城市管道工程土方及沟槽施工安全控制要求。

A 选项错误，在距直埋缆线 2m 范围内和距各类管道 1m 范围内，应人工开挖，不得机械开挖。

B 选项错误，合槽施工开挖土方时，应先深后浅。

28. C、D、E。本题考核的是采用变动总价合同可对合同价款调整的情形。选项 A 不能调整。选项 B 应该达到 8h。

29. A、B、C、D。本题考核的是竣工验收要求。E 选项错误，有施工单位签署的工程质量保修书。

30. A、B、C。本题考核的是施工图预算的应用。在招标投标阶段，施工图预算可作为工程量清单编制、施工单位投标报价以及招标控制价编制的依据。在工程实施阶段，施工图预算可作为施工单位成本控制、工程费用调整的依据。

三、实务操作和案例分析题

（一）

1. 构件 A 的名称——拉杆；构件 B 的名称——传力杆；构件 C 的名称——胀缝。

2. （1）D 的名称——下封层。

（2）采用的沥青材料种类：改性沥青或改性乳化沥青。

3. 填方段用土还应做下列试验：

对路基土进行天然含水率、标准击实试验，必要时应做颗粒分析、有机质含量、易溶盐含量、冻胀和膨胀量等试验。

4. 水泥混凝土路面开放交通的条件：混凝土达到设计弯拉强度 40%以后，可允许行人通过。在面层混凝土完全达到设计弯拉强度且填缝完成后才可开放交通。

连接处过渡段处理措施：

（1）过渡段与水泥混凝土面层衔接处设置拉杆。

（2）过渡段与沥青下面层接触面及接缝处涂刷粘层油，接缝铺土工合成材料预防反射裂缝。

（3）过渡段与中面层接触面涂刷粘层油。

（4）沥青路面基层部分浇筑混凝土过渡段，且在下面层处留台阶。

5. 电线杆处的防护措施：

（1）在距架空线路垂直 3m、水平 2m 范围划定作业区，严禁机械近距离作业。

（2）对电力线杆进行加固，线杆周围设置防护栅栏等措施，并悬挂警告标志牌。

（3）设专人全程监护。

（二）

1.（1）空心板的预应力体系属于预应力先张法体系。

（2）构件 A 的名称——预应力筋（或钢绞线）。

2. 预制台座的施工要求：

（1）台座的地基应具有足够的承载能力、稳定性和抗变形能力，必要时应对地基进行加固处理。

（2）预制台座可采用混凝土结构和钢结构组合而成，且应与预制构件（节段）底部的预留钢筋和预埋件相适应。

（3）混凝土底座宜通过计算配置必要的受力钢筋，其基础宜采用整体式钢筋混凝土板。

（4）钢结构台座宜采用钢板和型钢制作，且可将预制构件（节段）的底模与台座连接成整体，底模的开孔位置应准确，且应与预制构件（节段）底部的预留钢筋和预埋件相匹配。

（5）预制台座的设置数量宜根据预制构件的施工规模和进度确定。

3. B 的名称——②涂刷隔离剂；C 的名称——⑦整体张拉；D 的名称——⑤隔离套管封堵；E 的名称——⑩浇筑混凝土；F 的名称——⑪养护；G 的名称——⑥整体放张。

4.（1）全桥空心板的数量：16×30＝480 片。

（2）台座生产效率：8×4＝32（片）/每 10d。

（3）完成空心板预制所需时间：480/32×10＝150d。

5.（1）空心板的预制进度不能满足吊装进度的需要。

（2）原因说明：

① 全桥梁板安装所需时间：480/8＝60d。

② 空心板总预制时间为 150d，预制 80d 后，剩余空心板可在 150－80＝70d 内预制完

成，比吊装进度延迟10d完成，因此，空心板的预制进度不能满足吊装进度的需要。

（三）

1. 复合式衬砌结构中X的名称——防水层（缓冲层）。

2. （1）该隧道施工方法为：单侧壁导坑法。

（2）隧道断面开挖顺序为：C→A→B。

3. 隧道暗挖专项施工方案的审批流程不正确。

理由：（1）隧道暗挖专项施工方案应当由施工单位技术负责人审核签字、加盖单位公章，并由总监理工程师审查签字、加盖执业印章后方可实施。

（2）需要专家论证的专项方案先通过施工单位审核与总监理工程师审查，论证修改完善后经施工单位技术负责人审核签字加盖公章、总监理工程师审查签字加盖执业印章，修改情况及时告知专家。

4. 选取隧道贯通位置的原则及开始贯通时两个开挖面的距离：

（1）选取隧道贯通位置的原则：应选在地层变形稳定，不受地下水影响，避开工作竖井、道路和管线或在与它们保持一定安全距离的位置。

（2）开始贯通时两个开挖面的距离计算：

① 隧道相向开挖距离2倍洞径且不小于10m停止一端开挖由另一端贯穿，洞径为11.5m。

② 11.5×2=23m>10m，取大值，两开挖面距离为：23m。

5. 二次衬砌的施作条件：

（1）初期支护施工完成，验收合格且结构变形基本稳定。

（2）防水层施工完成且验收合格。

（四）

1. 项目部应做的工作：编制强电管线保护专项施工方案（迁移方案、迁改方案），采取安全保护措施（加固、悬吊）。

2. 要求是：应设在高出底板表面不小于300mm的墙体上；方案中设置的高度不合适。

3. 盘扣式支架相比于扣件式脚手架的优点：承载力和稳定性更好，便于搭设，速度快（安拆方便、快捷）。

4. 1号调蓄池顶板支架模板搭设高度计算：7500-900-360=6240mm。

5. 监理工程师要叫停施工的理由：顶板钢筋绑扎前，应对模板、支架进行检查和验收，合格后方可施工。

（五）

1. （1）构造A的名称——顶圈梁（冠梁、锁口梁）；构造B的名称——钢围檩（腰梁、围檩）。

（2）土压力传递的路径：土压力→钻孔灌注桩（或围护桩）→围檩（或构造B、冠梁、构造A）→支撑（钢支撑、钢筋混凝土支撑）。

2. 事件1中，针对断桩事故应采取下列预防措施：

（1）准确控制初灌量，确保首次浇筑后管口埋深足够（或管口不脱离混凝土面）。

（2）浇筑过程中严格控制拔管长度，确保管口埋深足够（或管口不脱离混凝土面）。

3. 基坑工程施工过程中的最危险工况是：基坑开挖至设计开挖面（或基坑坍塌、涌水、变形过大、支撑失效、围护失效）。

4. 危大工程专项施工方案安全技术交底应按下列顺序进行：

（1）项目技术负责人（编制人员）向管理人员进行方案交底。

（2）施工现场管理人员向作业人员进行安全技术交底。

（3）双方（或交底人、被交底人）和项目专职安全生产管理人员共同签字确认。

5. 安全技术交底应符合的规定：

（1）安全技术交底应按施工工序、施工部位、分部分项工程进行。

（2）安全技术交底应结合施工作业场所状况、特点、工序，对危险因素、施工方案、规范标准、操作规程和应急措施进行交底。

（3）安全技术交底是法定管理程序，必须在施工作业前进行。安全技术交底应留有书面材料，由交底人、被交底人、专职安全员进行签字确认。

（4）安全技术交底主要包括三个方面：一是按工程部位分部分项进行交底；二是对施工作业相对固定，与工程施工部位没有直接关系的工种（如起重机械、钢筋加工等）单独进行交底；三是对工程项目的各级管理人员，进行以安全施工方案为主要内容的交底。

（5）以施工方案为依据进行的安全技术交底，应按设计图纸、国家有关规范标准及施工方案将具体要求进一步细化和补充，使交底内容更加翔实，更具有针对性、可操作性。方案实施前，编制人员或项目负责人应当向现场管理人员和作业人员进行安全技术交底。

（6）分包单位应根据每天工作任务的不同特点，对施工作业人员进行班前安全交底。

6. 基坑验槽还应邀请建设单位、勘察单位、设计单位、施工单位（或总承包单位）参加。

《市政公用工程管理与实务》

考前冲刺试卷（三）及解析

学习遇到问题？
扫码在线答疑

《市政公用工程管理与实务》考前冲刺试卷（三）

一、单项选择题（共20题，每题1分。每题的备选项中，只有1个最符合题意）

1. 关于砌块路面面层的结构特点的说法，错误的是（　　）。

A. 用于城镇道路路面铺装的砌块路面多为天然石材路面和预制混凝土砌块路面

B. 应具备较高的抗滑性能，以提升行车、行人的安全性

C. 应具有足够的强度、耐久性（抗冻性）、表面应耐磨、平整

D. 面层胀缩缝位置和基层不一致

2. 对道路路基施工，运行和维护影响最大、最持久的是（　　）因素。

A. 大气温度　　B. 光照率

C. 地下水　　D. 地表水

3. 下列施工内容中，属于级配砂砾基层施工要点的是（　　）。

A. 宜在水泥初凝前碾压成型

B. 压实成型后应立即洒水养护

C. 碾压时采用先轻型、后重型压路机碾压

D. 控制碾压速度，碾压至轮迹不大于5mm，表面平整坚实

4. 两台摊铺机联合摊铺沥青混合料时，两幅之间的搭接应避开（　　）。

A. 道路中线　　B. 车道轮迹带

C. 分幅标线　　D. 车道停车线

5. 土方路基修筑前应在取土地点取样进行（　　），确定其最佳含水率和最大干密度。

A. 静载锚固试验　　B. 拉伸试验

C. 击实试验　　D. 强度试验

6. 设计强度等级为C50的预应力混凝土连续梁张拉时，混凝土强度最低应达到（　　）MPa。

A. 35.0　　B. 37.5

C. 40.0　　D. 45.0

7. 钻孔灌注桩施工中，关于混凝土灌注，正确的说法是（　　）。

A. 混凝土粗骨料粒径不宜大于30mm

B. 混凝土坍落度宜为180~220mm

C. 初灌量必须保证导管底部埋入混凝土中不应少于2.0m

D. 桩顶混凝土浇筑完成后应高出设计标高0.5~0.8m

8. 下列对构件在场内移运的说法，正确的是（　　）。

A. 预应力孔道压浆前，从预制台座上移出的梁、板可在场内多次倒运

B. 预应力孔道压浆后，混凝土梁、板构件需移运时，其压浆浆体强度应不低于设计强度的75%

C. 梁、板构件移运时，吊点位置应设于构件总长的1/4处

D. 梁、板构件移运时，吊绳与起吊构件的交角大于60°时，应设置吊架或起吊扁担，使吊环垂直受力

9. 下列施工部位中，属于桥梁附属结构施工范畴的是（　　）。

A. 防水施工　　　　B. 伸缩装置

C. 桥头搭板　　　　D. 护栏设施

10. 下列城市桥梁工程脚手架安全技术控制说法中，正确的是（　　）。

A. 脚手架必须与模板支架紧密连接

B. 混凝土泵等设备可架设于脚手架上

C. 脚手架应按规范采用连接件与构筑物相连接，使用期间不得拆除

D. 脚手架支搭完成后，与模板、支架和拱架等分别检查验收后，即可交付使用

11. 桩间采用槽榫接合方式，接缝效果较好，使用最多的一种钢筋混凝土板桩截面形式为（　　）。

A. 矩形　　　　B. T形

C. 工字形　　　　D. 口字形

12. 浅埋暗挖施工的交叉中隔壁法（CRD法）是在中隔壁法（CD法）基础上增设（　　）而形成。

A. 管棚　　　　B. 锚杆

C. 钢拱架　　　　D. 临时仰拱

13. 污水深度处理是在一级、二级处理之后，进一步处理可导致水体富营养化的（　　）可溶性无机物。

A. 钠、碘　　　　B. 钙、镁

C. 铁、锰　　　　D. 氮、磷

14. 在整体式现浇钢筋混凝土池体结构施工流程中，最后一个施工流程为（　　）。

A. 功能性试验　　　　B. 防水层施工

C. 顶板浇筑　　　　D. 模板支撑拆除

15. 在不开槽施工工法中，适用于管径ϕ3000mm以上且施工速度快、距离长的施工方法是（　　）。

A. 浅埋暗挖法　　　　B. 水平定向钻法

C. 夯管法　　　　D. 盾构法

16. 关于供热管道支、吊架安装的说法，正确的是（　　）。

A. 管道支架、吊架处不应有管道焊缝

B. 弹簧支、吊架的临时固定件应在试压前拆除

C. 无热偏移管道的支架、吊杆应水平安装

D. 有角向型补偿器的管段，固定支架不得与管道同时进行安装与固定

17. 生活垃圾填埋场一般应选在（　　）。

A. 洪泛区和泄洪道　　B. 石灰坑及熔岩区

C. 当地夏季主导风向的上风向　　D. 远离水源和居民区的荒地

18. 城市桥梁一般性损坏的修理与恢复原有技术水平及标准的工程属于（　　）。

A. 保养　　B. 小修

C. 中修工程　　D. 加固工程

19. 燃气设施建设工程竣工后，建设单位应当依法组织竣工验收，并自竣工验收合格之日起（　　）d 内，将竣工验收情况报燃气管理部门备案。

A. 5　　B. 10

C. 15　　D. 20

20. 施工作业过程中，不需要及时修改或补充施工组织设计的情形是（　　）。

A. 工程设计有重大变更　　B. 施工环境有重大变更

C. 主要施工设备配置有重大调整　　D. 管理人员有变更

二、多项选择题（共 10 题，每题 2 分。每题的备选项中，有 2 个或 2 个以上符合题意，至少有 1 个错项。错选，本题不得分；少选，所选的每个选项得 0.5 分）

21. 下列沥青路面面层中，适用于各种等级道路的有（　　）。

A. 热拌沥青混合料面层　　B. 冷拌沥青混合料面层

C. 温拌沥青混合料面层　　D. 沥青贯入式面层

E. 沥青表面处治面层

22. 关于桥梁结构钢筋及保护层施工的说法，正确的有（　　）。

A. 钢筋接头设在受力较小区段，避开结构最大弯矩处

B. 钢筋接头末端至钢筋弯起点的距离不小于钢筋直径的 10 倍

C. 钢筋弯制前应先使用卷扬机拉直钢筋

D. 钢筋机械连接部位最小保护层厚度不小于 20mm

E. 钢筋保护层垫块可采用现场拌制的砂浆制作，切割成型后使用

23. 在沉桩过程中发现（　　）情况应暂停施工，并应采取措施进行处理。

A. 桩头破坏　　B. 地面隆起

C. 桩身垂直度偏差达到 0.3%　　D. 桩身上浮

E. 贯入度发生剧变

24. 关于悬索桥各部分作用的说法，正确的有（　　）。

A. 连续钢构是结构体系中的主要承重构件

B. 主塔既是悬索桥抵抗竖向荷载的主要承重构件，又是支承主缆的重要构件

C. 加劲梁是悬索桥承受风荷载和其他横向水平力的主要构件，防止桥面发生过大的挠曲变形和扭曲变形，主要承受弯曲内力

D. 吊索是将加劲梁自重、外荷载传递到主缆的传力构件，是连系加劲梁和主缆的纽带

E. 锚碇是锚固主缆的结构，它将主缆中的拉力传递给地基

25. 地铁区间隧道断面形状可分为（　　）。

A. 马蹄形　　B. 矩形

C. 拱形　　D. 圆形

E. 椭圆形

26. 关于综合管廊结构施工技术的说法，正确的有（　　）。

A. 预留孔、预埋管、预埋件及止水带等周边混凝土浇筑时，应加强振捣

B. 先浇筑混凝土底板，待底板混凝土强度小于5MPa，再搭设满堂支架施工侧墙与顶板

C. 混凝土侧墙和顶板，应连续浇筑不得留置施工缝；设计有变形缝时，应按变形缝分仓浇筑

D. 构件运输及吊装时，混凝土强度应符合设计要求；当设计无要求时，不应高于设计强度的75%

E. 管廊回填时不得损伤管廊主体，且管廊无沉降和位移

27. 管网改造采用管片内衬法施工时，内衬管与原有管道间的环状空隙须进行注浆，注浆材料性能应具有（　　）等性能。

A. 抗冲刷　　B. 抗失稳

C. 抗离析　　D. 微膨胀

E. 抗开裂

28. 下列一级基坑监测项目中，属于应测项目的有（　　）。

A. 边坡顶部水平位移　　B. 立柱结构竖向位移

C. 支护桩（墙）侧向土压力　　D. 地表沉降

E. 坑底隆起

29. 输配管道安装结束后，必须进行（　　），并应合格。

A. 注水浸泡　　B. 严密性试验

C. 强度试验　　D. 通球试验

E. 管道清扫

30. 施工进度计划在实施过程中要进行必要的调整，调整内容包括（　　）。

A. 起止时间　　B. 网络计划图

C. 持续时间　　D. 工作关系

E. 资源供应

三、实务操作和案例分析题（共5题，（一）、（二）、（三）题各20分，（四）、（五）题各30分）

（一）

背景资料：

某公司承建长1.2km的城镇道路大修工程，现状路面面层为沥青混凝土。主要施工内容包括：对沥青混凝土路面沉陷、碎裂部位进行处理；局部加铺网孔尺寸10mm的玻纤网以缓解旧路面对新沥青面层的反射裂缝影响；对旧沥青混凝土路面铣刨拉毛后加铺40mm厚AC-13沥青混凝土面层，道路平面示意图如图1所示。机动车道下方有一条*DN*800mm污水干线，垂直于该干线有一条*DN*500mm混凝土污水管支线接入，由于污水支线不能满足排放量要求，拟在原位更新为*DN*600mm，更换长度50m，如图1中2号~2′号井段。

项目部在处理破损路面时发现挖补深度介于50~150mm之间，拟用沥青混凝土一次补平。在采购玻纤网时被告知网孔尺寸10mm的玻纤网缺货，拟变更为网孔尺寸20mm的玻纤网。

交通部门批准的交通导行方案中要求：施工时间为夜间22：30至次日5：30，不断路

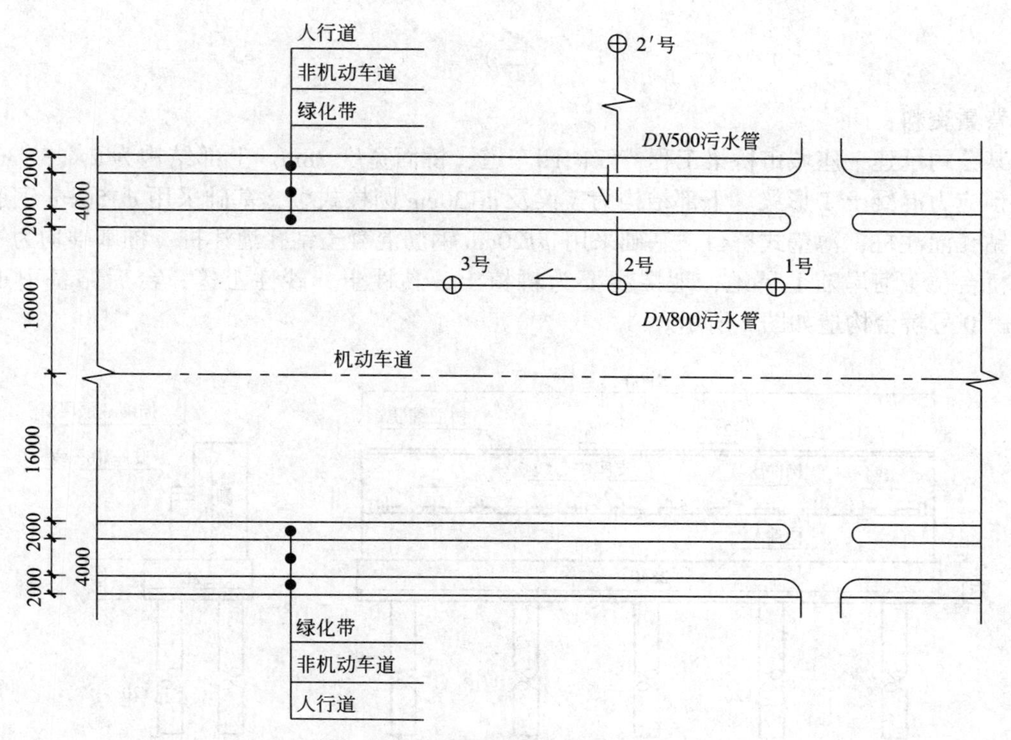

图1 道路平面示意图（单位：mm）

施工。为加快施工速度，保证每日5：30前恢复交通，项目部拟提前一天采用机械洒布乳化沥青（用量0.8L/m^2），为第二天沥青面层摊铺创造条件。

项目部调查发现：2号~2′号井段管道埋深约3.5m，该深度土质为砂卵石，下穿既有电信、电力管道（埋深均小于1m），2′号井处具备工作井施工条件，污水干线夜间水量小且稳定支管接入时不需导水，2号~2′号井段施工期间上游来水可导入其他污水管。结合现场条件和使用需求，项目部拟从开槽法、内衬法、破管外挤法及定向钻法这4种方法中选择一种进行施工。

在对2号井内进行扩孔接管作业前，项目部编制了有限空间作业专项施工方案和事故应急预案并经过审批；在作业人员下井前打开上、下游检查井井盖通风，对井内气体进行检测后未发现有毒气体超标；在打开的检查井周边摆放了反光锥桶。完成上述准备工作后，检测人员带着气体检测设备离开了现场，此后2名作业人员佩戴防护设备下井施工。由于施工时扰动了井底沉积物，有毒气体逸出，造成作业人员中毒，虽救助及时未造成人员伤亡，但暴露了项目部安全管理的漏洞，监理工程师因此开出停工整顿通知。

问题：

1. 指出项目部破损路面处理的错误之处并改正。
2. 指出项目部玻纤网更换的错误之处并改正。
3. 改正项目部为加快施工速度所采取措施中的错误之处。
4. 4种管道施工方法中哪种方法最适合本工程？分别简述其他3种方法不适合的主要原因。
5. 针对管道施工时发生的事故，补充项目部在安全管理方面应采取的措施。

（二）

背景资料：

某公司承建一座城市桥梁工程，双向四车道，桥面宽度 28m。上部结构为 2×（3×30m）预制预应力混凝土 T 形梁。下部结构为盖梁及 ϕ130cm 圆柱式墩，基础采用 ϕ150cm 钢筋混凝土钻孔灌注桩；薄壁式桥台，基础采用 ϕ120cm 钢筋混凝土钻孔灌注桩；桩基础均为端承桩。桥台位于河岸陆上旱地，地层主要为耕植土、黏性土、砂性土等，台后路基引道长 150m。0 号桥台构造如图 2 所示。

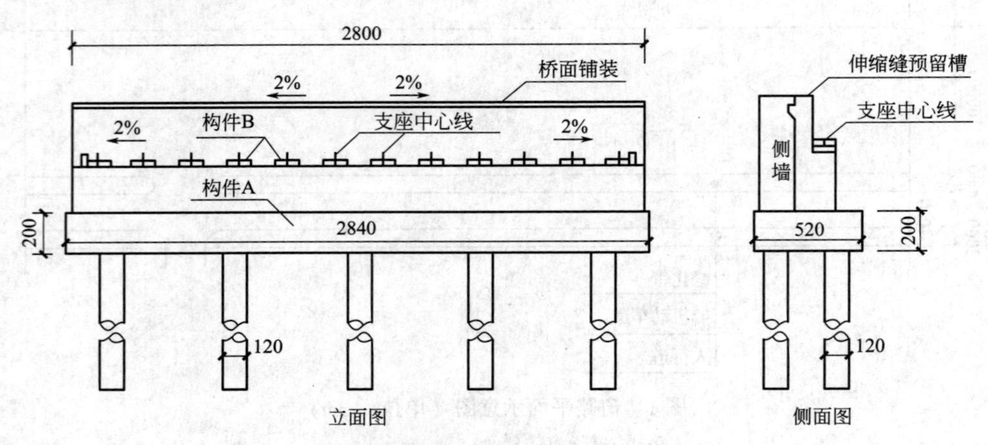

图 2　0 号桥台构造示意图（尺寸单位：cm）

施工过程发生如下事件：

事件 1：桥台桩基施工前，项目部对台后路基引道用地进行场地清理与平整，修筑施工便道、泥浆池，安装泥浆循环系统等临时设施，并做好安全防护措施。

事件 2：桩基成孔及钢筋笼吊装完成后，在灌注水下混凝土前，进行二次清孔。经检验，孔内泥浆性能指标符合标准规定，孔底沉渣厚度为 150mm，项目部随即组织灌注水下混凝土。

问题：

1. 给出图 2 中构件 A、B 的名称。
2. 列式计算上部结构预制 T 形梁的数量及图 2 中构件 A 的混凝土体积（单位 m^3）。
3. 事件 1 中，泥浆池根据不同使用功能可分为哪些组成部分？
4. 事件 1 中，指出泥浆池应采取的安全防护措施。
5. 事件 2 中，项目部是否可以组织水下混凝土灌注施工？说明理由。

（三）

背景资料：

某公司承建沿海某开发区路网综合市政工程，道路等级为城市次干路，沥青混凝土路面结构，总长度约10km。随路敷设雨水、污水、给水、通信和电力等管线；其中污水管道为HDPE缠绕结构壁B型管（以下简称HDPE管），承插—电熔接口，开槽施工，拉森型钢板桩支护，流水作业方式。污水管道沟槽与支护结构断面如图3所示。

施工过程中发生如下事件：

事件1：HDPE管进场，项目部有关人员收集、核验管道产品质量证明文件、合格证等技术资料，抽样检查管道外观和规格尺寸。

事件2：开工前，项目部编制污水管道沟槽专项施工方案，确定开挖方法、支护结构安装和拆除等措施，经专家论证、审批通过后实施。

事件3：为保证沟槽填土质量，项目部采用对称回填、分层压实、每层检测等措施，以保证压实度达到设计要求，且控制管道径向变形率不超过3%。

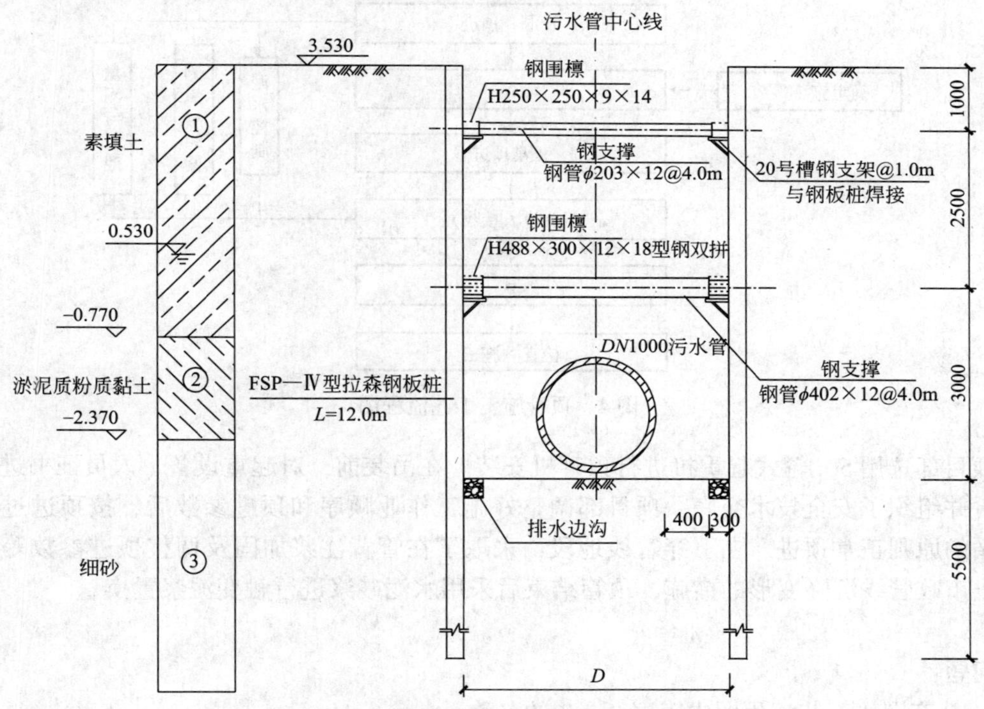

图3　污水管道沟槽与支护结构断面图

（高程单位：m；尺寸单位：mm）

问题：

1. 根据图3列式计算地下水埋深h（单位为m），指出可采用的地下水控制方法。
2. 事件1中的HDPE管进场验收存在哪些问题？给出正确做法。
3. 结合工程地质情况，写出沟槽开挖应遵循的原则。
4. 从受力体系转换角度，简述沟槽支护结构拆除作业要点。
5. 根据事件3叙述，给出污水管道变形率控制措施和检测方法。

（四）

背景资料：

某公司承建一项城镇雨污分流改造工程，其中污水管线全长700m，为*DN*800mm的F型钢承口式钢筋混凝土管，在穿越路口处采用泥水平衡顶管法施工。污水管埋深7m，穿越地层为粉质黏土层，下穿多条市政管线，其中最小垂直净距2m。

项目部编制了顶管施工专项方案，方案中的工艺流程图如图4所示。

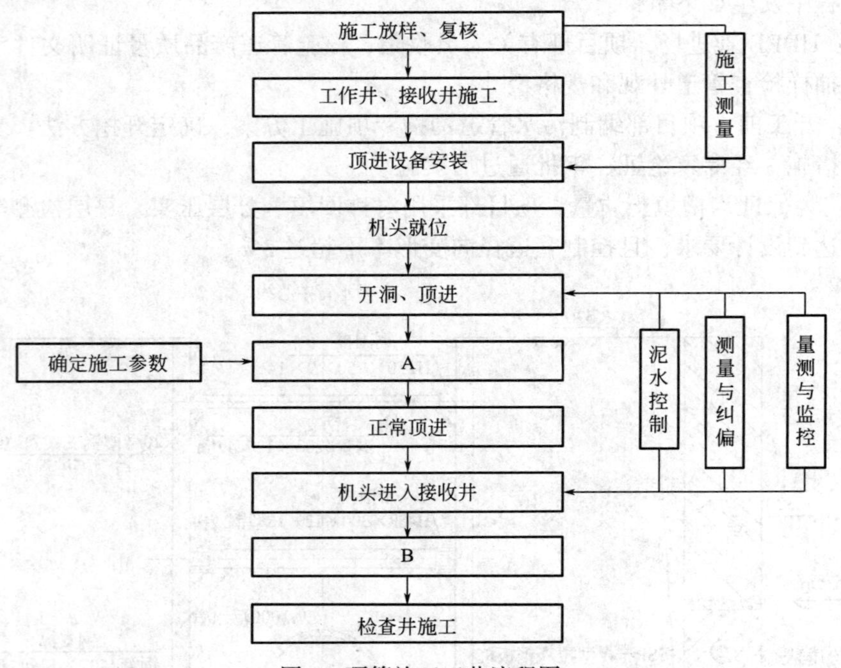

图4　顶管施工工艺流程图

项目部选用50t轮式起重机进行顶管机安装。在吊装前，对起重设备、人员证书进行了检查，并组织了安全技术交底。项目部调整好施工作业顺序和顶进参数后，按顶进过程中应遵循的原则正常顶进。在下穿管线地段，采取了在管背注浆加固及调整顶进参数等一系列防止市政管线沉降变形的措施，顶管结束后采用水泥砂浆进行触变泥浆置换。

问题：

1. 补充图4工艺流程图中工序A、B的名称。
2. 吊装顶管机时，除了保证工作井上下联络信号畅通，还有哪些安全作业注意事项？
3. 顶进过程中压注触变泥浆的作用是什么，贯通后进行泥浆置换的目的是什么？
4. 顶进过程需遵循的原则是什么？
5. 控制哪些顶进参数可防止地面沉降？

（五）

背景资料：

某跨河桥改扩建工程项目，为两幅路形式，双向六车道，包含旧桥拆除，新建桥梁两部分。桥梁总宽 30m，桥梁全长 35.5m。桥梁下部结构为 $D=1.2$m 钻孔灌注桩，设计要求灌注前沉渣厚度≤20cm，钢筋混凝土重力式桥台；上部结构为长 27.5m 预应力钢筋混凝土 T 形梁，现场预制。

本工程合同工期 164d，含雨期施工。既有公交线路不能中断，确保交通；河道不能断流，确保安全度汛。需铺设草袋围堰形成临时道路。施工平面示意图见图 5。

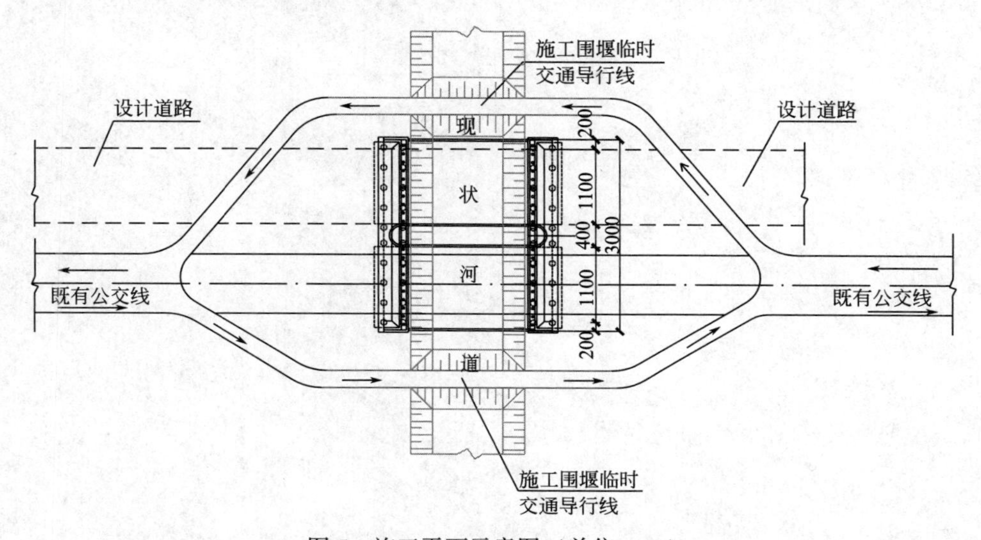

图 5　施工平面示意图（单位：cm）

本工程施工过程中发生以下事件：

事件 1：工程开工前，上级技术主管部门对项目部上报的施工组织设计进行审核。审核中发现：施工组织设计在绿色施工管理中提到“四节一环保”，内容不全，只有“节地与土地资源利用”和“节材与材料利用”两项。

事件 2：监理工程师检验钻孔灌注桩成孔时发现，实测沉渣厚度超 30cm，要求重新清孔处理。

事件 3：上级质量管理部门到项目部检查时，提醒项目部受场地影响要特别关注预应力钢筋混凝土 T 形梁在预制与安装的时间上需统一协调。

事件 4：上级安全主管部门现场检查时，发现电焊工未随身携带动火证，现场开出整改通知单。

事件 5：施工方案中提到：“本工程优先进行桩基施工”“导行线筑堰材料可用桩位场地平整的富余土方”“现状河道可申请临时断流筑堰施工”。

涉及进场后施工顺序及筑堰材料问题，该方案被退回，要求项目部重新制定施工措施。

问题：

1. 补充事件 1 中，“四节一环保”的其他内容。

2. 简述本工程绿色施工管理中“节地与土地资源保护要求”。

3. 事件 2 中，监理工程师的要求是否正确？常用的清孔方法除抽浆法、喷射法外还有哪些？

4. 事件 3 中，预应力钢筋混凝土 T 形梁预制完成后，在一般情况和特殊情况下分别允许存放多长时间？

5. 事件 4 中，申请动火证应如何办理签发手续？

6. 事件 5 中，根据背景资料要求施工期间交通不能中断，雨期施工河道不能断流，依次答出进场后的施工顺序和雨期施工不断流筑堰所需主要材料。

考前冲刺试卷（三）参考答案及解析

一、单项选择题

1. D；	2. C；	3. D；	4. B；	5. C；
6. B；	7. B；	8. B；	9. C；	10. C；
11. A；	12. D；	13. D；	14. A；	15. D；
16. A；	17. D；	18. C；	19. C；	20. D。

【解析】

1. D。本题考核的是砌块路面面层的结构特点。D 选项错误，面层胀缩缝位置和基层一致。

2. C。本题考核的是水土作用。工程实践表明：在对道路路基施工、运行与维护造成危害的诸多因素中，影响最大、最持久的是地下水，比如会造成路基的浸湿、软化、沉降等问题，而大气温度、光照率等相对来说影响没有地下水那么关键和持久，地表水的影响也不如地下水显著和持续。

3. D。本题考核的是级配砂砾基层的施工要点。级配砂砾基层的施工要点如下：

（1）碾压前和碾压中应适量洒水，保持砂砾湿润，但不应导致其层下翻浆。

（2）碾压中对存在过碾压现象的部位，应进行换填处理。级配碎石与级配碎砾石视压实碎石的缝隙情况撒布嵌缝料。

（3）控制碾压速度，碾压至轮迹不大于 5mm，表面平整、坚实。碎石压实后及成型中适量洒水。

（4）未铺装上层前不得开放交通。

选项 A 属于水泥稳定土的压实与养护要求；选项 C 属于石灰粉煤灰稳定砂砾（碎石）基层的施工要点；石灰稳定土或水泥稳定土基层压实成型后应立即洒水养护，所以选项 B 不属于级配砂砾基层施工技术。

4. B。本题考核的是沥青混合料面层施工中的机械摊铺作业要求。机械摊铺：通常采用两台或多台摊铺机前后错开 10~20m 呈梯队方式同步摊铺，两幅之间应有 30~60mm 宽度的搭接，并应避开车道轮迹带，上下层搭接位置宜错开 200mm 以上。

5. C。本题考核的是城镇道路工程质量控制。土方路基修筑前应在取土地点取样进行击实试验，确定其最佳含水率和最大干密度。

6. B。本题考核的是预应力张拉施工要求。放张预应力筋时，混凝土强度应符合设计要求，设计未要求时，不得低于强度设计值的 75%。本题中，混凝土强度最低应达到 37. 5MPa（50MPa×75%）。

7. B。本题考核的是混凝土灌注。

A 选项错在“30mm”，正确的是“40mm”。

C 选项错在“2. 0m”，正确的是“1. 0m”。

D 选项考核钻孔灌注桩水下灌注的超灌量，错在“0. 5~0. 8m”，正确的是“0. 5~1m”。

8. B。本题考核的是装配式梁（板）的构件在场内移运。

后张预应力混凝土梁、板在孔道压浆后移运的，其压浆浆体强度应不低于设计强度的75%，因此B选项正确。

对后张预应力混凝土梁、板，在施加预应力后可将其从预制台座吊移至场内的存放台座上再进行孔道压浆，从预制台座上移出梁、板仅限一次，不得在孔道压浆前多次倒运，因此A选项错误。

设计无要求时，梁、板构件的吊点应根据计算决定，因此C选项错误。

吊绳与起吊构件的交角小于60°时，应设置吊架或起吊扁担，使吊环垂直受力，因此D选项错误。

9. C。本题考核的是桥梁附属结构施工。桥梁附属结构施工包括：隔声和防眩装置、桥头搭板、防冲刷结构（锥坡、护坡、护岸、海墁、导流坝）。桥面系施工包括：排水设施、桥面防水系统施工、桥面铺装层、伸缩装置安装、地袱、缘石、挂板、护栏设施、人行道。

10. C。本题考核的是桥梁工程脚手架安全技术控制。

脚手架不得与模板支架相连接，因此A选项错误。

严禁在脚手架上架设混凝土泵等设备，因此B选项错误。

脚手架应按规定采用连接件与构筑物相连接，使用期间不得拆除，因此C选项正确。

脚手架支搭完成后应与模板、支架和拱架一起进行检查验收，形成文件后，方可交付使用，因此D选项错误。

11. A。本题考核的是预制混凝土板桩施工要求。矩形截面板桩制作较方便，桩间采用槽榫接合方式，接缝效果较好，是使用最多的一种形式。

12. D。本题考核的是交叉中隔壁法。交叉中隔壁法即CRD工法是在CD工法基础上加设临时仰拱以满足要求。

13. D。本题考核的是深度处理。深度处理是在一级处理、二级处理之后的处理单元，以进一步改善水质和达到国家有关排放标准为目的，用以进一步处理难降解的有机物以及可导致水体富营养化的氮、磷等可溶性无机物等。

14. A。本题考核的是整体式现浇钢筋混凝土池体结构施工流程。程序为：测量定位→土方开挖及地基处理→垫层施工→防水层施工→底板浇筑→池壁及柱浇筑→顶板浇筑→功能性试验。

15. D。本题考核的是不开槽施工法与适用条件。不开槽施工法与适用条件见表1。

表1 不开槽施工方法与适用条件

施工工法	盾构法	浅埋暗挖法	水平定向钻法	夯管法
优点	施工速度快	适用性强	施工速度快	施工速度快、成本较低
缺点	施工成本高	施工速度慢、施工成本高	控制精度低	控制精度低
适用管径(mm)	ϕ3000以上	ϕ1000以上	ϕ300~ϕ1200	ϕ200~ϕ1800

16. A。本题考核的是供热管道支、吊架安装。

管道支架、吊架处不应有管道焊缝，因此A选项正确。

弹簧支、吊架的临时固定件应在管道安装、试压、保温完毕后拆除，因此B选项错误。

无热偏移管道的支架、吊杆应垂直安装，因此C选项错误。

有角向型、横向型补偿器的管段应与管道同时进行安装及固定，因此D选项错误。

17. D。本题考核的是垃圾填埋场选址的要求。

生活垃圾填埋场不得建在洪泛区和泄洪道，因此A选项错误。

生活垃圾填埋场不得建在尚未开采的地下蕴矿区和岩溶发育区，因此B选项错误。

生活垃圾填埋场应设在当地夏季主导风向的下风向，因此C选项错误。

垃圾填埋场必须远离饮用水源，尽量少占良田，利用荒地和当地地形；一般选择在远离居民区的位置，因此D选项正确。

18. C。本题考核的是城市桥梁养护工程分类。

保养、小修：对管辖范围内的城市桥梁进行日常维护和小修作业。

中修工程：对城市桥梁的一般性损坏进行修理，恢复城市桥梁原有的技术水平和标准的工程。

加固工程：对桥梁结构采取补强、修复、调整内力等措施，从而满足结构承载力及设计要求的工程。

19. C。本题考核的是相关城镇燃气管理的规定。燃气设施建设工程竣工后，建设单位应当依法组织竣工验收，并自竣工验收合格之日起15d内，将竣工验收情况报燃气管理部门备案。

20. D。本题考核的是施工组织设计的动态管理。施工作业过程中发生下列情况之一时，施工组织设计应及时修改或补充：工程设计有重大变更；有关法律、法规、规范和标准实施、修订和废止；主要施工方法有重大调整；主要施工资源配置有重大调整；施工环境有重大改变。

二、多项选择题

21. A、C；　　22. A、B、D；　　23. A、B、D、E；
24. B、C、D、E；　　25. B、C、D、E；　　26. A、C、E；
27. C、D、E；　　28. A、B、D；　　29. B、C、E；
30. A、C、D、E。

【解析】

21. A、C。本题考核的是沥青路面面层类型的特点。沥青路面又分为沥青混凝土、沥青贯入式和沥青表面处治路面，沥青混凝土适用于各交通等级道路；沥青贯入式与沥青表面处治路面适用于支路、停车场。

沥青路面面层分为热拌沥青混合料面层、冷拌沥青混合料面层、温拌沥青混合料面层、沥青贯入式面层以及沥青表面处治面层。

冷拌沥青混合料适用于支路及其以下道路的面层、支路的表面层，以及各级沥青路面的基层、连接层或整平层；冷拌改性沥青混合料可用于沥青路面的坑槽、井周冷补。

沥青表面处治面层主要起防水层、磨耗层、防滑层或改善碎（砾）石路面的作用。

沥青贯入式面层宜用作城市次干路以下道路面层。

22. A、B、D。本题考核的是桥梁结构钢筋及保护层施工。C选项说法错误，钢筋弯制前应先调直，钢筋宜优先选用机械方法调直，且不得使用卷扬机调直。

E选项说法错误，禁止在施工现场采用拌制砂浆通过切割成型等方式制作钢筋保护层垫块，应使用专业化压制设备和标准模具生产钢筋保护层垫块。

23. A、B、D、E。本题考核的是在沉桩过程中发现以下情况应暂停施工，并采取措施进行处理：

（1）贯入度发生剧变，因此 E 选项正确。

（2）桩身发生突然倾斜、位移或有严重回弹。

（3）桩头或桩身破坏，因此 A 选项正确。

（4）地面隆起，因此 B 选项正确。

（5）桩身上浮，因此 D 选项正确。

24. B、C、D、E。本题考核的是悬索桥各部分作用。A 选项错误，主缆是结构体系中的主要承重构件。

25. B、C、D、E。本题考核的是城市隧道工程结构形式。城市隧道结构由围岩、支护、洞门、附属设施四部分组成。结构断面形式可分为矩形、拱形、圆形及其他形式（如马蹄形、椭圆形等）。

26. A、C、E。本题考核的是综合管廊结构施工技术。

B 选项错误，先浇筑混凝土底板，待底板混凝土强度大于 5MPa，再搭设满堂支架施工侧墙与顶板。

D 选项错误，构件运输及吊装时，混凝土强度应符合设计要求。当设计无要求时，不应低于设计强度的 75%。

27. C、D、E。本题考核的是管网改造主要施工技术要点。管网改造采用管片内衬法施工时，内衬管与原有管道间的环状空隙须进行注浆，注浆材料性能应具有抗离析、微膨胀、抗开裂等性能。

28. A、B、D。本题考核的是基坑工程监测项目。A、B、D 选项属于一级基坑监测项目中的应测项目，C、E 选项属于一级基坑监测项目中的选测项目。

29. B、C、E。本题考核的是输配管道的规定。输配管道安装结束后，必须进行管道清扫、强度试验和严密性试验，并应合格。

30. A、C、D、E。本题考核的是施工进度调整的内容。施工进度计划在实施过程中进行的必要调整必须依据施工进度计划检查审核结果进行。调整的内容应包括：施工内容、工程量、起止时间、持续时间、工作关系、资源供应等。

三、实务操作和案例分析题

（一）

1. 项目部破损路面处理的错误之处：用沥青混凝土一次补平厚度大于 100mm，太厚；

改正措施：应分层摊铺，每层最大厚度不宜超过 100mm。

2. 项目部玻纤网更换的错误之处：玻纤网网孔尺寸 20mm，过大；

改正措施：玻纤网网孔尺寸宜为上层沥青材料最大粒径的 0.5~1.0 倍。

3. 项目部为加快施工速度所采取措施的改正之处：

改正之处一：乳化沥青用量应满足规范所规定的 0.3~0.6L/m^2 的要求。

改正之处二：粘层油应在摊铺沥青面层当天洒布。

4. 最适合本工程的是破管外挤法。

其他 3 种方法不适合的主要原因：

（1）开槽法：施工对交通影响大。

（2）内衬法：施工不能扩大管径。

（3）定向钻法：不能扩大管径且不适用砂卵石。

5. 项目部在安全管理方面应采取的措施有：

（1）对作业人员进行专项培训和安全技术交底。

（2）井下作业时，不能中断气体检测工作。

（3）安排具备有限空间作业监护资格的人在现场监护。

（4）按交通方案设置反光锥桶、安全标志、警示灯，设专人维护交通秩序。

（二）

1. 构件 A 的名称——承台；构件 B 的名称——支座垫石（垫石）。

2. 列式计算上部结构预制 T 形梁的数量及图 2 中构件 A 的混凝土体积：

（1）桥梁上部结构为 2×(3×30m) 表示桥梁总共 2 联，每联有 3 跨，每跨计算跨径 30m。

（2）T 形梁每段设置一个支座，桥台支座为 12 个，故每跨 12 片 T 形梁。

（3）T 形梁数量为：2×3×12＝72 片。

（4）构件 A 混凝土体积为：$28.4\times5.2\times2=295.36m^3$。

3. 泥浆池根据不同使用功能可分为的组成部分有：制浆池、储浆池、沉淀池、循环槽。

4. 泥浆池应采取的安全防护措施：应在周围设置防护栏杆和明显的警示牌，夜间红灯示警，设置限重牌，设置挡水围堰等防止遗留的设施，专人值守、非作业人员禁止入内。

5. 项目部此时不可以组织水下混凝土灌注施工。

理由：本桥桩基础为端承桩，端承桩的沉渣厚度不应大于 50mm，施工中检测实际沉渣厚度为 150mm，因此项目部不可以组织水下混凝土灌注施工。

（三）

1.（1）地下水埋深 $h=3.53-0.53=3.0m$。

（2）可采用的地下水控制方法有：井点降水（或管井降水、真空降水）。

2.（1）管件外观质量检验方法不正确；

正确做法：对进入现场的管件逐根进行检验；管件不得有影响结构安全、使用功能和接口连接的质量缺陷，内外壁光滑，无气泡、无裂纹。

（2）缺少检验项目（或检验项目不全）；

正确做法：对 HDPE 管件取样进行环向刚度复试，管件环向刚度应满足设计要求。

3. 本工程沟槽属于软土地层的长条形深沟槽，沟槽开挖应遵循的原则为：分段、分层（或分步）、均衡开挖，由上而下、先支撑后开挖。

4. 支护结构拆除作业要点：应配合回填施工拆除，每层横撑应在填土高度达到支撑底面时拆除，先拆围檩，后拆板桩，板桩拔除后及时回填桩孔。

5.（1）污水管道变形率控制措施：在管道内设置径向支撑（或采用胸腔填土形成竖向反向变形抵消管道变形），按现场试验取得的施工参数回填压实。

（2）检测方法：拆除管内支撑，采用人工管内检测（或圆形芯轴仪、圆度测试板、电视检测），填土到预定高程后，在 12~24h 内测量管道径向变形率。

（四）

1. 工序 A 名称——试顶进；工序 B 名称——拆设备、吊机头。

2. 吊装顶管机时，除了保证工作井上下联络信号畅通外，还有以下安全作业注意事项：试吊，起重机下严禁站人，吊装作业区域设置警示标志，专人指挥。

3. 顶进过程中压注触变泥浆的作用是：减少摩阻力（润滑）。贯通后进行泥浆置换的目的是消除地面沉降（消除间隙）。

4. 需遵循的原则是：勤测量（勤量测）、勤纠偏（及时纠偏）、微纠偏（小纠偏）。

5. 控制下列顶进参数可防止地面沉降：控制顶进速度（钻进速度）、出土量。

（五）

1. “四节一环保”中的其他内容：节水与水资源利用、节能与能源利用、施工现场环境保护。

2. 节地与土地资源保护要求：

（1）施工场地布置应合理并应实施动态管理。

（2）施工临时用地应有审批用地手续。

（3）施工单位应充分了解施工现场及毗邻区域内人文景观保护要求、工程地质情况及基础设施管线分布情况，制定相应保护措施，并应报请相关方核准。

（4）节约用地应符合下列规定：①施工总平面应根据功能分区集中布置。②应在经批准的临时用地范围内组织施工。③应根据现场条件，合理设计场内交通道路。④施工现场临时道路布置应与原有及永久道路兼顾考虑，并应充分利用拟建道路为施工服务。⑤应采用预拌混凝土。

（5）保护用地应符合下列规定：①采取措施防止施工现场土壤侵蚀、水土流失。②应充分利用山地荒地作为取、弃土场的用地。③优化土石方工程施工方案，减少土方开挖和回填量。④危险品、化学品存放处采取隔离措施。⑤污水排放管道不得渗漏。⑥对机用废油、涂料等有害液体进行回收，不得随意排放。⑦工程施工完成后，进行地貌和植被复原。

3. 监理工程师的要求正确。常用的清孔方式除抽浆法、喷射法外还有：换浆法（置换）、掏渣法（清渣、清掏）。

4. 预应力钢筋混凝土 T 形梁在预制完成后，一般情况下存放时间不宜超过 3 个月，特殊情况下存放时间不宜超过 5 个月。

5. 申请动火证应这样办理签发手续：具有相应资格的施工人员提出动火申请，项目部安全管理人员收到动火申请后前往现场检查（核查），确认动火作业的防火措施落实后，方可签发动火许可证。

6. 本项目施工期间交通不能中断，进场后应首先进行导行线围堰（筑堰）施工；雨期施工河道不能断流，围堰填筑材料应采用黏性土（黏土）和导流管材（含钢管）保证不断流。